ENCYCLOPÉDIE SCIENTIFIQUE

DES

AIDE-MÉMOIRE

PUBLIÉE

SOUS LA DIRECTION DE M. LÉAUTÉ, MEMBRE DE L'INSTITUT

Ce volume est une publication de l'Encyclopédie scientifique des Aide-Mémoire ; F. Lafargue, ancien élève de l'École Polytechnique, Secrétaire général, 46, rue Jouffroy (boulevard Malesherbes), Paris.

N° 24 A.

ENCYCLOPÉDIE SCIENTIFIQUE DES AIDE-MÉMOIRE

PUBLIÉE SOUS LA DIRECTION

DE M. LÉAUTÉ, MEMBRE DE L'INSTITUT.

NOTIONS

DE

CHIMIE AGRICOLE

PAR

TH. SCHLŒSING FILS

Ingénieur des Manufactures de l'Etat

PARIS

GAUTHIER-VILLARS ET FILS, IMPRIMEURS-ÉDITEURS
Quai des Grands-Augustins, 55

G. MASSON, ÉDITEUR, LIBRAIRE DE L'ACADÉMIE DE MÉDECINE
Boulevard Saint-Germain, 120

AVERTISSEMENT

L'agriculture a essentiellement pour but la production végétale. Il est facile de comprendre que la chimie doive l'aider à développer cette production.

Que l'on considère, en effet, une graine qui vient d'être mise en terre. Elle produit, au bout d'un certain temps, un végétal dont le poids représente des milliers ou des millions de fois celui de la semence. Un apport considérable de matières a eu lieu par l'air et le sol. Les principes empruntés à ces deux milieux ont été transformés en des substances parfaitement définies et caractérisées, par exemple en sucre, amidon, cellulose, graisses, huiles, essences, résines, matières azotées, acides et alcalis organiques, composés minéraux divers. Or, toutes les fois qu'une industrie comporte des transformations dans la composition des matières mises en œuvre, elle appelle le secours de la chimie, qui ne peut manquer de lui être utile. L'industrie agricole ne fait pas exception à cette règle.

Sans doute, le pouvoir de l'homme, même armé de la chimie, sur le développement des végétaux est restreint : des synthèses mêmes d'où résulte ce développement et dont la chaleur et la lumière du soleil, l'atmosphère, la nature du sol, sont les facteurs principaux, il n'est que spectateur. Mais par le travail de la terre, par les engrais, par les soins donnés aux plantes, par le choix et l'association des cultures, il peut indirectement exercer sur ces synthèses une très réelle influence, en leur préparant, autant qu'il dépend de lui, les meilleures conditions ; et la chimie l'éclaire et le seconde puissamment dans cette multiple action.

Au reste, les faits, qui fournissent toujours les plus solides démonstrations, prouvent jusqu'à l'évidence le profit qu'il est possible de tirer du concours de la chimie en matière agricole. On peut dire que cette science a été l'instrument de la plupart des progrès réalisés par l'agriculture depuis un demi-siècle. C'est elle qui a fait connaître les aliments des plantes, les sources où ils sont puisés et celles où il convient de les chercher quand naturellement ils sont trop rares. C'est elle qui a appris à déterminer les principes fertilisants contenus dans un engrais, le degré d'utilité et, par suite, la valeur vénale de chacun d'eux, qui a acquis des notions certaines sur les assolements et la fertilité des terres, qui a proclamé la grande loi de la restitution, c'est-à-dire la nécessité de rendre au sol les substances qu'en emportent les récoltes. C'est elle encore qui sert de guide dans l'alimentation du bétail.

Ces considérations suffiront peut-être à montrer l'intérêt des études que nous allons faire.

La chimie agricole comprend nécessairement l'examen d'un certain nombre de questions, parmi lesquelles figurent l'étude de la nutrition végétale, celle de l'atmosphère considérée sous le rapport des aliments qu'elle offre aux plantes et celle du sol ; ce seront les trois sujets dont nous aurons à nous occuper [1]. Il n'y a pas un ordre rigoureusement déterminé dans lequel il

[1] Pour être complet, cet ouvrage devrait traiter de plusieurs autres questions telles que celles des engrais et amendements, des assolements, des méthodes d'analyse ; mais ces questions, très importantes par elles-mêmes, sont examinées spécialement dans d'autres ouvrages de l'*Encyclopédie*.

faille les traiter. Nous adopterons celui qui vient d'être indiqué ; il est suffisamment logique : connaissant les aliments dont les plantes ont besoin, nous examinerons les deux milieux où elles se nourrissent et les ressources qu'elles y trouvent.

Les pages qui vont suivre présentent un résumé de l'étude, au point de vue chimique, de ces questions, résumé qui, sur bien des points, est réduit aux seuls faits fondamentaux. Elles s'adressent aux personnes qui, possédant déjà certaines connaissances en chimie, veulent être mises à même de comprendre les travaux dont la chimie agricole a été et est constamment l'objet, soit pour en tirer judicieusement les applications pratiques qui en découlent, soit pour entreprendre elles-mêmes des recherches sur la matière.

PREMIÈRE PARTIE

—

NUTRITION DES PLANTES

—

1. — Il n'y a pas longtemps qu'on possède des notions exactes sur la nutrition des plantes [1]. Au commencement de ce siècle, les sources véritables de leurs aliments étaient encore presque ignorées. On était loin de croire que la principale de ces sources dût être placée dans l'atmosphère. Toute la substance végétale était considérée comme tirée du sol et spécialement de la matière

---

[1] Les végétaux, comme chacun sait, se composent de carbone, d'hydrogène, d'oxygène, d'azote, de petites quantités de soufre et de phosphore et enfin de matières minérales. Le carbone forme environ la moitié de la matière végétale sèche.

organique, de l'humus, qu'il contient. On voyait les champs fertilisés par les fumiers et les débris animaux ; on en concluait volontiers qu'une matière devait avoir eu vie pour devenir un engrais.

Diverses découvertes conduisirent à une théorie différant complètement de ces idées, dite de l'alimentation minérale, dont Liebig fut le principal promoteur (*Die organische Chemie in ihrer Anwendung auf Agricultur und Physiologie*, 1840). Dans une leçon célèbre, concertée avec Boussingault et faite à l'Ecole de médecine en 1841, Dumas l'exposa d'une manière remarquable (*Essai de statique chimique des êtres organisés*, Paris, 1844). Elle se résume ainsi : les plantes empruntent à l'air et à l'eau l'azote, le carbone, l'oxygène et l'hydrogène dont elles ont besoin ; elles transforment ces corps minéraux en matière organique, qui sert ensuite à l'alimentation animale ; après la vie, cette matière organique est décomposée et ses éléments font retour au règne minéral où la végétation les puisera de nouveau ; les principes minéraux qu'on trouve dans les plantes sont seuls empruntés au sol ; les plantes sont des appareils de synthèse chargés d'organiser la matière minérale pour les besoins des animaux. L'éclosion de cette théorie imprima une puissante impulsion à l'agriculture, dont elle guida les recherches. L'honneur en revient aux divers savants dont les découvertes ont fait avancer l'étude de la vie végétale, mais surtout à Boussingault, qui dans cette voie produisit les plus importants travaux, et à Liebig qui sut rassembler les faits acquis en une théorie précise [1].

Si nous connaissons la source de la matière organique des plantes, nous sommes encore loin de connaître les réactions successives par lesquelles cette matière se constitue. Nous avons à peu près tout à apprendre sur le travail intime qui s'accomplit au sein de la cellule végétale. Mais, pour la pratique de l'agriculture, cette ignorance n'a pas de graves conséquences. L'essentiel est de connaître les besoins des plantes et les moyens de satisfaire ces besoins.

---

[1] Bernard Palissy, dès 1560, avait compris l'importance qu'il faut attacher aux matières minérales dans l'alimentation des végétaux ; il ne fit pas école. Lavoisier eut plus tard sur le même sujet des idées très nettes, qui devançaient son temps d'une manière extraordinaire et auxquelles il n'y aurait presque rien à changer aujourd'hui ; il n'eut pas le temps de les développer entièrement. (Voir *Chimie et Physiologie appliquées à l'agriculture et à la sylviculture*, par L. Grandeau, Paris, 1879.)

CHAPITRE PREMIER

—

GERMINATION

2. Généralités. — Une graine est un embryon à l'état de repos, enfermé dans une enveloppe protectrice et pourvu de matières de réserve destinées à lui fournir sa première nourriture. La germination consiste dans le développement de cet embryon aux dépens de la substance de la graine.

Dans toutes les graines on trouve des matières ternaires, des matières azotées et des matières minérales.

Les matières ternaires sont essentiellement des hydrates de carbone, cellulose, amidon, fécules, gommes, sucres et corps gras. Ces divers principes sont, d'ailleurs, associés dans des proportions extrêmement variables. C'est tantôt l'amidon qui domine, comme dans le blé, tantôt une huile, comme dans les graines oléagineuses, tantôt une graisse comme dans le cacao.

La matière azotée, appelée aussi protéique, est nécessaire au développement de l'embryon. Elle varie avec la nature des graines ; dans le blé, elle constitue le gluten, dans les pois et les haricots, la légumine. C'est d'elle que procède, dans les cellules qui se forment, le protoplasme, substance essentiellement vivante du végétal.

Les sels alcalins et les phosphates forment la partie la plus importante des matières minérales. D'une graine à une autre, ils varient beaucoup en quantité ; mais ils ne font jamais complètement défaut.

On a connu de tout temps deux conditions de la germination : une certaine quantité d'eau et une certaine température.

L'eau dissout les principes nutritifs et les transporte vers l'embryon ; en distendant la graine tout entière, elle facilite leur circulation. Elle permet, d'ailleurs, des réactions qui solubilisent des matières insolubles, dont l'embryon n'aurait pu profiter, si elles étaient restées immobilisées par leur état solide. C'est ainsi que l'amylase, diastase découverte et étudiée par Payen, agissant par l'intermédiaire de l'eau sur les principes amylacés, amidon ou fécule, les dissout et les convertit en dextrine et sucre.

La température nécessaire à la germination est très variable suivant les espèces végétales. Le blé ne germe pas au-dessous de 5 ou 6° ; d'autres plantes exigent plus de chaleur, d'autres moins. Au-dessus de certaines températures, la germination devient également impossible ; le plus souvent, elle cesse de se produire entre 35° et 45°.

Th. de Saussure, considérant qu'il convient d'enfouir à une certaine profondeur la plupart des graines pour assurer la germination, fut amené à chercher si l'obscurité exerce quelque influence sur le phénomène. L'expérience lui montra que cette influence est nulle. Si les graines placées à la surface du sol ne germent pas en général, c'est que, dans ces conditions, elles ne prennent ni ne conservent l'humidité voulue.

3. Phénomènes chimiques de la germination. — Si l'on enferme des graines sous une cloche contenant de l'air humide, on constate que, ces graines ayant germé, une proportion plus ou moins grande de l'oxygène gazeux a disparu dans l'atmosphère de la cloche et a été remplacée par de l'acide carbonique. Le carbone de la graine a été en partie brûlé. En même temps le poids des graines, supposées sèches, a très notablement diminué. Lorsqu'on substitue à l'air de l'hydrogène, de l'azote ou tout autre gaz inerte, la germination n'a pas lieu ; les graines pourrissent et l'embryon meurt. Ainsi l'oxygène est nécessaire à l'accomplissement du phénomène (1).

Boussingault a appliqué à l'étude de la germination l'analyse élémentaire. Les graines sur lesquelles il opérait étaient partagées en deux lots de même poids. Un des lots était immédiatement analysé après dessiccation à 110°; l'autre était abandonné pendant un certain temps à la germination à l'air libre, puis desséché et analysé. De la comparaison des résultats fournis par les deux lots, on déduisait les modifications survenues dans la composition élémentaire du second au cours de la germination. Cette méthode est indirecte ; elle ne s'appuie pas sur l'examen des produits mêmes qui ont pris naissance. Néanmoins elle a rendu de précieux services. Elle permet aisément de constater que la

(1) SAUSSURE. — *Recherches chimiques sur la végétation.*

germination fait perdre aux graines du carbone, de l'hydrogène et de l'oxygène ; mais, pour en tirer tout le parti qu'il est possible, il convient d'y ajouter un perfectionnement.

Une difficulté spéciale se rencontre dans les recherches sur la germination. Pour mesurer ses effets, il y a intérêt à la prolonger le plus possible. Mais alors, bien avant qu'elle ait pris fin, des phénomènes inverses ont lieu, qui tendent à masquer ces effets. Quand la plante embryonnaire est encore loin d'avoir épuisé tout l'approvisionnement de la graine et continue à lui emprunter des aliments, elle a déjà poussé au dehors des parties vertes qui prélèvent certains de ces mêmes aliments sur l'atmosphère. Les analyses ne mènent à une conclusion que si la germination a été suspendue avant la production des phénomènes inverses dont il s'agit ; ce qui diminue la durée des expériences et par suite l'exactitude des mesures.

On tourne la difficulté en maintenant à l'obscurité les graines sur lesquelles on opère. Dans ces conditions, les fonctions d'assimilation ne s'exercent plus et la germination peut être prolongée jusqu'à ce que les graines (y compris les nouveaux organes qui se forment) aient perdu la moitié de leur poids (Boussingault).

Opérant comme il vient d'être dit sur du froment, des pois, des haricots, Boussingault a trouvé que les poids d'hydrogène et d'oxygène disparus correspondaient à peu près à un départ d'eau. La combustion du carbone s'était faite, par suite, aux dépens de l'oxygène extérieur. Ainsi, dans la germination prolongée, les pertes de la graine peuvent être considérées comme consistant essentiellement en eau et en carbone. Il n'en est pas complètement de même pour toutes les graines. Avec le maïs géant, la perte d'hydrogène, est un peu moindre, relativement à la perte d'oxygène, que celle qui correspondrait à une perte d'eau. « L'hydrogène et l'oxygène, dit Boussingault, ne sont plus éliminés dans un rapport aussi simple pendant le développement à l'obscurité de plantes provenant de graines riches en matières grasses et en huiles. »

Sous le rapport de leur composition immédiate, les graines subissent au cours de la germination d'importantes modifications. Voici, par exemple, celles que Boussingault a constatées sur le maïs géant. Après trois semaines, les graines ayant donné à l'obscurité des tiges de 8 à 10 centimètres et des feuilles de 8 à 30 centimètres de longueur, l'analyse fournit les résultats suivants : l'amidon, dont les graines contenaient au début

74 %, avait presque entièrement disparu ; une partie avait dû fournir le carbone qui avait été brûlé ; le reste s'était transformé en d'autres principes, particulièrement en sucre et en cellulose. Les plantes peuvent, en effet, suivant leurs besoins, solubiliser l'amidon ou inversement changer le sucre en une matière insoluble, la cellulose. Nous ne savons reproduire que la première de ces transformations. On conçoit que les plantes doivent opérer la seconde, puisque leurs cellules ont à se multiplier et que celles-ci sont constituées par la cellulose. On peut remarquer que ces réactions s'accomplissent sans le concours de la lumière. La proportion d'huile avait passé, dans les graines de notre expérience de 5,4 à 1,7 % ; cette diminution s'explique encore par la combustion du carbone ; une partie de l'huile a pu, d'ailleurs, servir comme l'amidon à faire de la cellulose ; et, en effet, les graines oléagineuses, qui ne renferment pas d'amidon, fournissent à l'obscurité des plantes où l'on retrouve plus de cellulose qu'il n'y en avait primitivement dans ces graines mêmes ; il n'y a guère alors que les éléments de l'huile qui ont pu constituer l'excès de la cellulose. Quant à la matière azotée, estimée d'après le taux d'azote, elle n'a pas varié en quantité ; mis elle s'est

transformée, passant d'abord en majeure partie de l'état colloïdal et non diffusible à celui d'asparigine, cristalloïde et soluble (BOUSSINGAULT, SCHULZE), puis quittant la graine pour se répandre dans la plante et y former le protoplasme des cellules qui ont pris naissance. On le voit, les diverses matières organiques constituant les réserves ont subi une véritable *digestion*. Les matières minérales n'ont naturellement pas changé, aucune source de ces matières n'étant supposée ici à la portée des graines.

Dans les graines de courge non germées, l'huile remplace l'amidon (PETERS); dans les graines oléagineuses, (radis, pavot, colza), les corps gras neutres sont saponifiés assez rapidement, tandis qu'une proportion croissante d'acide gras est mise en liberté (MÜNTZ) et que des hydrates de carbone prennent naissance.

La germination des tubercules et des bulbes présentent des caractères analogues à celle des graines (phénomènes de combustion, de solubilisation). L'évolution des bourgeons, chez les plantes vivaces, se rapproche aussi de la germination ; les réserves qu'elle utilise au début de la végétation annuelle, sont logées dans les couches ligneuses, qui remplacent alors les cotylédons ou le périsperme.

CHAPITRE II

ORIGINE ET ASSIMILATION DU CARBONE DES PLANTES

4. Constatation des faits. Historique. — Au premier rang des aliments des végétaux se trouve le carbone. Ce corps entre dans toutes les combinaisons organiques, dont il est comme le noyau essentiel. Certains principes immédiats sont exempts d'hydrogène, d'autres d'oxygène, d'autres d'azote ; il n'en est pas qui ne renferme de carbone. L'assimilation de cet élément est un phénomène d'un haut intérêt, dont la découverte est due aux efforts de plusieurs savants illustres.

En 1749, Bonnet, naturaliste genevois, ayant

plongé des feuilles vertes dans de l'eau ordinaire, les vit se couvrir de bulles gazeuses. Il constata que le phénomène ne se produisait pas si l'on employait de l'eau bouillie et en conclut que, lorsque les bulles se formaient, elles provenaient des gaz tenus en dissolution dans l'eau.

Priestley démontra, en 1771, que le gaz émis par les parties vertes des plantes consistait en oxygène. Il vit nettement le rôle que joue par là la végétation dans la purification de l'air souillé par la vie animale et les combustions. L'une de ses expériences était la suivante : Un jet de menthe était introduit sous une cloche où une chandelle, après avoir brûlé quelque temps, s'était éteinte. Au bout de dix jours, l'air de cette cloche redevenait propre à la combustion ; une chandelle pouvait y brûler de nouveau. Priestley comprit qu'il avait découvert l'une des plus belles harmonies de la nature. « Le tort, dit-il, que font continuellement à l'air la respiration d'un si grand nombre d'animaux et la putréfaction de tant de masses de matière végétale et animale, est réparé, du moins en partie, par la création végétale. »

Mais les expériences telles que la précédente ne réussissaient pas toujours. Une condition du phénomène était encore à déterminer. Ingenhousz la découvrit en 1780. Il vit que la lumière solaire était nécessaire à la formation d'oxygène, (on sait aujourd'hui que la lumière électrique peut produire le même effet; la lumière du gaz d'éclairage le produit aussi, mais à un moindre degré); dans l'obscurité les feuilles viciaient l'air. Il vit de plus que l'intensité du dégagement d'oxygène variait avec la nature de l'eau où les feuilles étaient immergées; l'eau de source donnait plus de gaz que l'eau de rivière.

Enfin Senebier, de Genève, montra que l'oxygène émis par les feuilles provient de la décomposition de l'acide carbonique dissous dans l'eau. Dès lors on comprend que, dans les expériences d'Ingenhousz, l'eau de source, plus riche en acide carbonique que l'eau de rivière, ait fourni plus d'oxygène. L'acide carbonique devait donc favoriser le développement des végétaux. Percival confirma le fait; il observa qu'une menthe végétait mieux dans de l'air mêlé d'acide carbonique qu'à l'air libre.

L'origine du carbone des végétaux se déduit de ces découvertes. L'atmosphère renferme de l'acide carbonique, comme chacun sait. Sous l'influence de la lumière, les végétaux décomposent cet acide, en rejetant de l'oxygène et fixant du carbone.

Cette propriété n'appartient qu'aux parties vertes ; elle résulte de l'action de la chlorophylle, substance à laquelle ces parties doivent leur coloration [1]; on la désigne souvent sous le nom de fonction chlorophyllienne.

Les végétaux ou parties de végétaux dépourvus de chlorophylle sont incapables d'effectuer la décomposition de l'acide carbonique. Ils se nourrissent par intussusception de matières élaborées par des organes à chlorophylle.

5. Expériences de mesure. — Th. de Saussure entreprit le premier des expériences de mesure sur l'assimilation du carbone par les végétaux. Il chercha d'abord les doses d'acide carbonique qui leur convenaient le mieux ; il trouva que leur développement et leur consommation d'acide carbonique atteignaient leur maximum au sein d'une atmosphère contenant environ 8 $^0/_0$ de ce gaz. Il fit ensuite diverses cultures dans des appareils renfermant cette proportion d'acide car-

---

(1) L'intensité de la coloration est due à la fois à la proportion de chlorophylle (substance azotée, mélange de plusieurs espèces, soluble dans l'alcool, avec lequel elle donne une dissolution dichroïque, verte par transmission et rouge par réflexion) et à celle de carotine (matière rouge, découverte dans les feuilles par M. Arnaud, soluble dans l'éther de pétrole et le sulfure de carbone).

bonique et détermina par l'analyse, en fin d'expérience, d'une part le carbone fixé par les plantes et d'autre part celui qui correspondait à l'acide carbonique disparu dans les atmosphères gazeuses. Il obtint une concordance suffisante entre les deux résultats et donna ainsi sinon une mesure très exacte de l'assimilation du carbone dans les conditions de ses essais, du moins une preuve directe du phénomène. Pour que la végétation s'accomplît dans une atmosphère de composition normale, il opéra encore autrement. Il sema des fèves dans un sol artificiel composé de silex et par conséquent exempt de principes carbonés (1). Ce sol, entretenu en état convenable d'humidité, était contenu dans un pot de verre qui fut placé en plein champ. Après trois mois, les plantes furent arrachées et analysées ; on y trouva plus de deux fois autant de carbone qu'il y en avait au début dans les graines employées. L'excès de carbone ne pouvait provenir que de l'acide carbonique aérien. Quoique moins directe que les précédentes, cette expérience

---

(1) Saussure, un des premiers, fit usage de sol stérile dans des recherches sur la végétation. Ce moyen d'étude a été largement mis à profit après lui et a rendu les plus grands services.

était à peu près aussi probante quant à l'origine du carbone fixé.

Boussingault fit pénétrer dans un ballon un rameau d'une vigne en pleine végétation et dosa comparativement l'acide carbonique dans de l'air ayant traversé le ballon et dans l'air extérieur. Il trouva dans le premier deux fois moins d'acide carbonique que dans le second, quand le ballon était exposé au soleil. La nuit, la différence était en sens inverse ; on en aura bientôt la raison.

Dans des expériences ultérieures, devenues classiques, pour la description desquelles nous renvoyons au mémoire original [1], Boussingault détermina le rapport existant entre le volume de l'acide carbonique décomposé et celui de l'oxygène émis. Ce rapport fut trouvé très sensiblement égal à l'unité.

De toutes les recherches exécutées sur le sujet qui nous occupe, il résulte que les végétaux empruntent la plus grande partie de leur carbone à l'acide carbonique atmosphérique. Ils en empruntent bien quelque peu au sol en absorbant par les racines des carbonates ou des liquides

---

(1) BOUSSINGAULT. — *Agronomie*, t. III, 1859.

tenant en dissolution de l'acide carbonique ou même des substances organiques ; mais ce qui leur vient de cette source est probablement peu de chose, en général, du moins pour les végétaux à chlorophylle et non parasites.

L'atmosphère ne renferme qu'une minime proportion d'acide carbonique (3 dix-millièmes en volume, ainsi qu'on le verra plus loin). On est tenté de s'étonner que les plantes en soutirent tant de carbone. Mais on s'explique qu'il en puisse être ainsi dès qu'on songe à l'agitation continuelle qu'elle subit et qui renouvelle incessamment les portions d'air en contact avec les feuilles, à la rapidité de l'absorption (Dehérain et Maquenne) et aussi à l'énorme développement du système feuillu des végétaux. Boussingault a calculé pour un certain nombre de cultures et par hectare la surface des feuilles et des tiges qui constituent les parties vertes. Voici ses chiffres (ils comprennent les deux faces [1] des feuilles) ; ils sont intéressants à connaître pour diverses questions :

---

[1] En réalité, les deux faces n'assimilent pas également le carbone ; l'assimilation se fait surtout par la face supérieure, dans les cellules en palissade riches en grains de chlorophylle.

Végétaux		Mètres carrés	
Topinambours	Surface des feuilles en septembre.	136000	142410
	Surface des tiges (hauteur 2 à 3 mètres)	6410	
Froment, en fleur, 195 plants par mètre carré .			35490
Pommes de terre, en fleur; les plants espacés de $0^m,60$.	feuilles . .	36610	39641
	tiges vertes.	3031	
Betteraves champêtres en terrain très riche, premiers jours d'octobre ; plants espacés de $0^m,60$.			49921

6. Influence de l'intensité lumineuse et de la coloration de la lumière constatée sur des plantes aquatiques. — MM. Cloëz et Gratiolet[1] ont étudié la décomposition de l'acide carbonique par les plantes aquatiques plongées dans l'eau et maintenues par conséquent dans les conditions normales de leur existence. L'appareil dont ils on fait usage consiste en un simple flacon muni d'un bouchon à deux tubes ; un des tubes sert au renouvellement de l'eau, l'autre au dégagement des gaz. L'eau employée est de l'eau commune fortement chargée d'acide carbonique. On introduit dans le ballon des tiges feuillues d'une plante aquatique. (*Potamogeton perfoliatum*, *Nayas maxima*, etc...) et l'on expose l'appareil

(1) *Annales de chimie et de physique*, 1851.

au soleil. La décomposition de l'acide carbonique commence immédiatement ; d'innombrables petites bulles se rendent à la partie supérieure du liquide et s'échappent par le tube à dégagement. Le gaz est recueilli et analysé. Il consiste essentiellement en oxygène ; mais il comprend aussi de l'azote et un peu d'acide carbonique provenant de l'eau. L'intensité de la décomposition de l'acide carbonique est estimée par la quantité d'oxygène produite. On voit combien les mesures gagnent en exactitude lorsqu'on opère au sein de l'eau et non plus dans l'air ordinaire. En effet, un litre d'eau ordinaire contient seulement en dissolution une dizaine de centimètres cubes d'oxygène, soit environ vingt fois moins qu'un égal volume d'air ; il y aura donc dans les appareils vingt fois moins d'oxygène préexistant s'ils sont remplis d'eau que s'ils sont remplis d'air. Par suite, la variation de l'oxygène, c'est-à-dire l'oxygène provenant de la décomposition de l'acide carbonique, pourra être bien mieux appréciée.

Les expériences de MM. Cloëz et Gratiolet ont donné lieu à plusieurs observations très intéressantes.

L'influence de l'intensité de l'action lumineuse et l'instantanéité de cette action sont remarquables ; l'ombre d'un léger nuage passant dans l'atmosphère suffit pour ralentir aussitôt le dégagement gazeux, qui reprend son activité dès que l'ombre a cessé. On produit aisément ces alternatives avec un écran.

La coloration de la lumière influe à un haut degré sur la fonction chlorophyllienne. On s'en rend compte en enfermant les appareils sous des cages de verre diversement coloré.

La lumière verte a peu d'action. On doit considérer ce fait comme une des causes qui nuisent à la végétation sous le couvert des arbres ; car dans ces conditions les plantes ne reçoivent guère que des rayons ayant traversé des feuillages situés au-dessus d'eux.

7. Divers faits relatifs à l'assimilation du carbone. — Boussingault a cherché à savoir si la présence de l'oxygène est une condition nécessaire de l'assimilation du carbone. A cet effet il a introduit des feuilles dans des cloches renfermant de l'acide carbonique et les y a laissées séjourner en présence de bâtons de phosphore, en les maintenant à l'obscurité jusqu'à ce que le

(1) L'absence prolongée d'oxygène tuerait infailliblement toute plante ; on va le voir à propos de la respiration.

phosphore eût cessé d'être lumineux. On était ainsi assuré que l'atmosphère était parfaitement privée d'oxygène. Les cloches étaient exposées au soleil pendant quelque temps, puis de nouveau portées dans l'obscurité. On voyait alors luire le phosphore; c'était la preuve que de l'oxygène, provenant de la décomposition de l'acide carbonique, s'était produit. En quelques minutes la phosphorescence disparaissait; on recommençait les mêmes opérations et l'on constatait les mêmes faits. Ainsi l'assimilation du carbone peut avoir lieu en l'absence absolue de l'oxygène.

La décomposition de l'acide carbonique, commencée dans ce gaz pur, s'accélère progressivement. Cette accélération ne paraît pas tenir à l'apparition d'oxygène, mais au fait que l'acide carbonique dilué est plus facilement assimilable. Elle s'observe quand on remplace l'oxygène par un gaz inerte, hydrogène, azote ou oxyde de carbone. En étudiant divers mélanges d'acide carbonique avec un gaz inerte, Boussingault a reconnu que cet acide est décomposé avec une intensité maxima lorsque sa proportion dans l'atmosphère en contact avec les parties vertes des plantes est voisine de 15 °/₀. Saussure, nous l'avons vu §(5), avait trouvé un chiffre inférieur, environ 8 d'acide carbonique pour 92 d'air. Mais la proportion dont il s'agit peut bien varier avec la nature des plantes et avec diverses circonstances des expériences.

Enfin, il y a lieu de se demander si les plantes possèdent la faculté d'absorber l'acide carbonique d'une manière indéfinie ou si cette faculté s'épuise à mesure qu'elle s'exerce. Boussingault ayant soumis les mêmes feuilles plusieurs fois de suite au contact d'une atmosphère riche en acide carbonique, constata que les quantités d'acide décomposé allaient chaque fois en diminuant. Il mesura même ces quantités et établit ainsi des différences notables entre les feuilles des diverses espèces. Mais il ne faut pas se hâter de tirer des conclusions de ces résultats, car ils ont été fournis par des parties végétales qui n'étaient pas dans les conditions ordinaires de la vie. Cette remarque explique le ralentissement observé dans l'assimilation du carbone. Une feuille isolée ne saurait sans cesse assimiler du carbone ; il faudrait, pour cela, qu'elle pût accumuler ce corps indéfiniment. Mais lorsqu'elle tient à la plante, elle est régulièrement débarrassée de l'excès de ses principes carbonés. On conçoit par là qu'elle puisse, dans les conditions naturelles, exercer pendant toute la durée de la végétation la fonction assimilatrice.

RESPIRATION DES PLANTES

8. — Les végétaux n'ont pas seulement la faculté de décomposer l'acide carbonique sous l'action de la lumière pour fixer du carbone et rejeter de l'oxygène. Saussure leur a reconnu une faculté inverse, en vertu de laquelle ils absorbent l'oxygène et émettent de l'acide carbonique. Il a montré que l'oxygène absorbé par les feuilles se combinait dans leur tissu. En effet, soumises à l'action du vide au sortir des appareils avec lesquels on avait constaté l'absorption de ce gaz, elles n'en émettaient pas une trace.

Le phénomène de l'absorption, de l'inspiration d'oxygène est nécessaire à la vie végétale, car si l'on abandonne des feuilles dans de l'hydrogène ou de l'azote, elles ne tardent pas à mourir. Elles résistent plus ou moins longtemps, suivant les espèces, à cette sorte d'asphyxie ; les unes continuent à vivre une douzaine d'heures, les autres plusieurs jours ; mais après un séjour suffisamment prolongé dans des milieux exempts d'oxygène, toutes meurent ; on le reconnaît à ce qu'elles deviennent incapables de remplir la fonction essentiellement vitale des végétaux, la décomposition de l'acide carbonique.

L'inspiration de l'oxygène est une fonction normale de la vie; elle cesse après la désorganisation des tissus des plantes; elle n'a plus lieu pour des parties végétales qui viennent d'être broyées.

L'ensemble de ces faits a conduit Saussure à assimiler l'absorption de l'oxygène et l'émission de l'acide carbonique par les végétaux au phénomène de la respiration animale.

Il faut se garder d'une erreur trop souvent commise. On entend quelquefois par respiration des végétaux l'ensemble ou la résultante de la fonction chlorophyllienne et du phénomène inverse dont il vient d'être parlé. Cette manière de penser est défectueuse. La respiration des végétaux consiste exclusivement dans ce dernier phénomène, dans l'inspiration de l'oxygène et l'expiration du gaz carbonique; la fixation du carbone est précisément le contraire de la respiration; celle-ci détruit en partie l'œuvre de celle-là.

Toutes les parties de la plante respirent. Saussure l'a prouvé par des expériences directes. L'intensité de la respiration est très variable suivant les parties; mais toutes, et spécialement les racines, ont besoin d'oxygène gazeux.

La respiration s'accomplit à la lumière et à l'obscurité. Pour la constater sur une plante exposée à la lumière, il faut suspendre la fonction chlorophyllienne. A cet effet, on peut simplement maintenir la plante dans de l'air dépouillé d'acide carbonique par de la baryte ou de la potasse [1]. Le volume de l'atmosphère diminue par suite de la disparition d'oxygène. Mais cette diminution ne donne pas une mesure parfaite de la respiration. Dans le tissu des feuilles il se forme, en effet, de l'acide carbonique, lequel n'est pas à l'abri de l'action lumineuse; plus la lumière est intense, plus la décomposition de cet acide exhale de gaz oxygène et par suite moins la diminution de l'atmosphère confinée est accusée. Aussi les résultats obtenus sont-ils compris entre des limites très écartées. Pour des poids égaux de feuilles, l'absorption d'oxygène a varié du simple au décuple [2].

La respiration est une fonction indépendante de l'assimilation du carbone ; car elle s'accomplit en l'absence de toute assimilation, et réciproquement. Elle est beaucoup plus intense chez les très jeunes organes que chez les organes

---

(1) Garreau. — *Annales des Sciences naturelles*, 1851.

(2) Au sujet du rapport de l'acide carbonique émis à l'oxygène absorbé dans la respiration, voir Dehérain et Moissan, Dehérain et Maquenne, et Bonnier et Mangin(*Annales des Sciences naturelles*, 1874, 1884 et 1885).

adultes. Elle est extrêmement active pour les bourgeons (GARREAU, MOISSAN). Elle croît avec la température.

Elle est inférieure, dans ses effets, à l'assimilation du carbone ; la résultante de ces deux opérations contraires se traduit par une fixation de matière, et il faut bien qu'il en soit ainsi pour que la plante se développe. Pendant la nuit, la respiration se produisant exclusivement, la plante perd du carbone à l'état d'acide carbonique ; mais, le matin, il suffit de trente minutes d'insolation pour réparer entièrement cette perte (1).

Des organes végétaux qu'on prive d'oxygène peuvent continuer quelques temps à émettre de l'acide carbonique ; dans ces conditions, ils fournissent eux-mêmes les deux éléments, carbone et oxygène, de ce gaz. Cette sorte de respiration des cellules végétales en l'absence d'oxygène gazeux est dite respiration intracellulaire ; elle est analogue à celle de la levure de bière (PASTEUR, MÜNTZ).

---

(1) CORENWINDER. — *Annales de Chimie et de Physique*, 1858.

CHAPITRE III

ORIGINE DE L'HYDROGÈNE ET DE L'OXYGÈNE DES PLANTES

9. Les végétaux empruntent leur hydrogène à l'eau. Boussingault leur a, du moins, reconnu la faculté de le puiser à cette source. Il a cultivé des plantes dans un sol absolument dépouillé de matière organique, ne renfermant que des substances minérales exemptes d'hydrogène et arrosé avec de l'eau distillée. Les plantes ont acquis de l'hydrogène ; elles n'ont pu prélever cet élément que sur l'eau.

L'assimilation de l'hydrogène doit être corrélative de celle du carbone. On n'a jamais observé l'une dans des conditions où l'autre ne pût avoir lieu. En effet, dans toutes les expériences où du carbone a été fixé, cette fixation s'est produite en présence de l'eau de végétation, laquelle est nécessaire à la vie des plantes, et de l'hydrogène a été aussi assimilé. Et, d'autre part, Saussure n'est pas parvenu à constater une assimilation d'hydrogène en l'absence d'acide carbonique.

Plusieurs faits tendent à montrer qu'avec le carbone et l'hydrogène, de l'oxygène passe dans les plantes et que les quantités de ces deux derniers corps qui prennent part au phénomène sont dans le rapport où ils constituent l'eau.

Des expériences de Von Mohl, Nœgeli, Sachs, confirment cette manière de voir. Quand une plante est exposée à la lumière solaire depuis plusieurs heures, ses feuilles contiennent de l'amidon; si on la maintient ensuite quelque temps à l'obscurité, l'amidon disparaît. L'épreuve peut être renouvelée un grand nombre de fois, elle donne toujours le même résultat. L'amidon, hydrate de carbone, serait donc l'un des premiers produits de l'assimilation du carbone et de l'eau, produit que la plante utiliserait et décomposerait ensuite sans le concours nécessaire de la lumière ; le carbone et l'eau seraient ainsi fixés dans une même synthèse. Dans certains cas, on constate la formation, puis la disparition, non plus d'amidon, mais de sucre ; la conclusion est la même.

En cultivant une plante (tabac) sous cloche, on peut obtenir des parties vertes d'une richesse extraordinaire (20 %) en amidon. Si l'amidon s'accumule alors en si grande quantité, il faut l'attribuer à ce que, par suite des conditions particulières de la culture, telles que diminution de l'évaporation et par conséquent de l'apport de matières minérales, il ne se transforme que lentement en principes immédiats. C'est encore une preuve qu'il doit être un des premiers produits de l'assimilation du carbone et de l'eau [1].

Des faits du même ordre se produisent vraisemblablement dans la culture maraîchère sous châssis et rendent compte de l'abondance des principes sucrés qu'on rencontre dans certaines primeurs.

En résumé, il y a lieu de penser que, sous l'influence de la lumière, les parties vertes des végétaux doivent fixer du carbone en même temps que de l'hydrogène et de l'oxygène, ces deux derniers éléments dans le rapport où ils s'unissent pour former l'eau.

---

(1) On tend aujourd'hui à penser que le premier produit formé dans la cellule à chlorophylle est l'aldéhyde méthylique, dont les hydrates de carbone, sucre, puis amidon, etc..., résulteraient par polymérisation.

CHAPITRE IV

—

ORIGINE DE L'AZOTE DES PLANTES

10. Le rôle de l'azote dans les phénomènes de la vie est des plus importants. Cet élément entre dans la constitution des matières protéiques diverses, depuis le protoplasme, qui forme le corps vivant de la cellule végétale, jusqu'aux combinaisons les plus essentielles de l'organisme animal : fibrine, albumine, caséine. Et les matières azotées de cet organisme proviennent exclusivement des plantes alimentaires et des fourrages. On comprend donc l'intérêt de premier ordre qui s'attache à la recherche de l'origine de l'azote chez les végétaux.

11. Prélèvement sur le sol. — Le sol renferme plusieurs sources d'azote auxquelles puisent les végétaux : les nitrates, les sels ammoniacaux, la matière organique azotée.

Proust, Pusey, Kuhlmann, ont montré l'efficacité des nitrates employés comme engrais. Boussingault en a donné une démonstration rigoureuse par des expériences comparatives faites avec des sols artificiels pourvus ou privés de nitrates. Dans une longue et importante série d'expériences MM. Hellriegel et Wilfarth, cultivant des graminées dans du sable additionné de doses variées de nitrate de chaux, ont obtenu des récoltes dont les poids étaient sensiblement proportionnels aux quantités de nitrate mises en œuvre.

H. Davy, Schattenmann (1836), ont mis en évidence l'utilité de l'ammoniaque (1) et des

---

(1) L'ammoniaque est, comme on verra, rapidement transformée en nitrates dans les sols, le plus généralement. L'efficacité des engrais ammoniacaux était-elle attribuable à l'ammoniaque même ou aux nitrates qui en résultent ? Par des expériences dans lesquelles étaient complètement écartés les ferments, agents nécessaires de la transformation dont il s'agit, M. Müntz a montré que l'ammoniaque est directement utilisée par les végétaux et produit, à dose égale d'azote, à très peu près les mêmes effets que les nitrates.

sels ammoniacaux. Boussingault confirma leurs résultats dans des essais analogues à ceux qui se rapportent aux nitrates.

La matière organique azotée des sols est certainement aussi une source d'azote pour les végétaux. C'est à elle qu'il faut faire remonter les propriétés si éminemment fertilisantes du fumier. Cette matière se décompose incessamment (on reviendra sur ce sujet à propos de la nitrification). Lorsqu'elle s'est transformée en ammoniaque ou en nitrates, il résulte de ce qui vient d'être dit qu'elle est utilisée par les plantes. Mais, en dehors de pareilles transformations, à l'état de matière organique, peut-elle servir à la végétation ? Il y a lieu de pencher pour la négative, si l'on s'en rapporte à l'expérience de Boussingault. Deux pots sont remplis d'une même terre de jardin, dont on détermine par l'analyse l'azote total et l'azote engagé dans la matière organique. Dans l'un des pots on cultive une plante; l'autre est simplement exposé à côté du premier sans culture. Après un certain temps, on analyse de nouveau les deux lots de terre ; on trouve que le taux d'azote total du premier est inférieur à celui du second, mais que le taux d'azote organique est le même dans les deux lots et plus faible qu'au commencement de l'expérience. Voici vraisemblablement ce qui s'est passé : la plante n'a pas pris à la terre d'azote organique ; une égale proportion de cet azote a été, dans les deux lots, transformée en ammoniaque et surtout en nitrates, et, dans le lot avec culture, une partie de cet azote transformé a été mise à profit par la végétation. Il résulte de cette importante expérience que, si la matière organique des sols sert directement à l'alimentation azotée des plantes, elle ne doit le faire que dans une mesure extrêmement restreinte. Cette conclusion ne saurait, d'ailleurs, être étendue à toutes les plantes, en particulier aux parasites, aux plantes sans chlorophylle.

12. Prélèvement sur l'atmosphère. Fixation de l'azote libre. — L'atmosphère concourt avec le sol à fournir de l'azote aux végétaux. Le fait est hors de doute en ce qui concerne un grand nombre de prairies et les forêts, qui ne reçoivent jamais de fumure azotée et dont la végétation se poursuit néanmoins indéfiniment. Boussingault l'a d'ailleurs nettement établi quand il a montré qu'il y avait sur une exploitation agricole plus d'azote à la fin d'une rotation (y compris l'azote des produits exportés) qu'au commencement.

L'atmosphère renferme, nous le verrons, de

l'ammoniaque [1] et de l'acide nitrique (et nitreux) qu'elle offre aux végétaux soit directement, soit par l'intermédiaire des pluies et du sol. Mais elle renferme aussi, à côté de ces composés azotés qui y sont répandus en proportions minimes, une réserve immense d'azote libre. Ce gaz est-il susceptible d'être assimilé par les plantes ? Telle est la grande question que la science agricole cherche à résoudre depuis cinquante ans.

Cette question, comme toutes celles qui touchent à la connaissance des lois de la production, a certainement un intérêt pratique. Si les végétaux sont capables de puiser de l'azote libre dans l'atmosphère, qui en est une source indéfinie, peut-être le degré d'utilité des engrais azotés sera-t-il reconnu moindre qu'on le croit aujourd'hui et l'emploi s'en restreindra-t-il. Qu'on n'oublie pas cependant les expériences qui ont établi l'efficacité de ces engrais pour bien des cultures ; qu'on n'oublie pas surtout la sanction qu'elles ont reçue et qu'elles reçoivent incessamment dans nos champs. Il y a là de

---

(1) Quant à l'utilisation de l'ammoniaque aérienne par les plantes, voir : SCHLŒSING, *Comptes rendus de l'Académie des sciences*, t. LXXVIII, 1874.

fortes raisons de penser que, quelle que soit la solution du problème énoncé, l'usage ne diminuera pas des matières fertilisantes susceptibles d'enrichir les sols en azote. Aussi dirons-nous que l'intérêt de la question de l'azote semble aujourd'hui plus théorique que pratique.

Les expériences les plus anciennes et les plus célèbres qu'on ait faites en vue de savoir si les végétaux fixent l'azote gazeux de l'atmosphère, sont de Boussingault. Bien qu'elles aient conduit à des conclusions qu'on ne doit plus regarder comme exactes, il est impossible de les passer sous silence. Dans des pots contenant du sable lavé, calciné, parfaitement exempt d'azote, Boussingault (1837-38) sema diverses graines (trèfle, pois, froment, avoine) ; après plusieurs mois, il analysa les plantes obtenues et compara leur azote à celui de lots de graines identiques aux graines semées. Il trouva 1° que le trèfle et les pois avaient acquis une quantité d'azote appréciable à l'analyse ; 2° que le froment et l'avoine n'en avaient pas gagné. Mais, bien que les pots eussent été maintenus dans une serre, on pouvait attribuer à un apport de poussières extérieures, le faible gain d'azote constaté pour les deux premières plantes ; on pouvait aussi l'attribuer à une absorption d'ammoniaque aérienne. Aussi de nouvelles expériences furent-elles entreprises (1851-52). Les cultures eurent lieu en atmosphère confinée, dépourvue d'ammoniaque et de poussières ; l'acide carbonique nécessaire à la végétation était fourni artificiellement ; le sol était toujours exempt d'azote. Diverses dispositions d'appareils furent employées. Boussingault trouva qu'aucune plante, légumineuse ou autre, parmi celles qu'il avait étudiées, ne fixait d'azote gazeux. Enfin, opérant sur des plantes cultivées en atmosphère, non plus confinée, mais incessamment renouvelée et privée d'ammoniaque ainsi que de poussières, il arriva encore à ce dernier résultat.

M. G. Ville soutint des idées contraires, appuyées sur des expériences commencées en 1849. Il objecta d'abord aux recherches de Boussingault que la non-fixation d'azote gazeux qu'elles avaient fait constater, tenait à ce que la végétation avait eu lieu en atmosphère confinée [1], condition qui exclut un développement normal ; dans des essais exécutés avec renouvellement de l'atmosphère, il obtenait jusqu'à quarante

---

[1] Cette objection tombe devant les résultats des expériences de MM. Schlœsing fils et Laurent, dont il est question plus bas.

fois plus d'azote dans la récolte que dans la graine ; c'est à la suite de ces essais que Boussingault fit usage d'atmosphère renouvelée. Plus tard, M. G. Ville fut amené à cette opinion, que la faculté d'assimiler l'azote gazeux ne se manifestait chez les plantes qu'à partir d'un certain développement ; on pouvait, d'après lui, par une petite addition de nitrates au sol, les conduire jusqu'à un degré d'accroissement convenable, au delà duquel elles acquéraient la propriété en question (1).

Voulant lever le doute qui subsistait à la suite des travaux précédents, MM. Lawes, Gilbert et Pugh exécutèrent des recherches à Rothamsted suivant une méthode rappelant celle qu'avait employée Boussingault en dernier lieu ; ils n'obtinrent pas de gain sensible d'azote. Dès lors la doctrine de la non-fixation de l'azote prévalut dans l'esprit de la plupart des savants.

L'opinion admise alors a été dans la suite quelque peu ébranlée. Sous l'influence de l'effluve électrique, M. Berthelot a réussi à fixer

(1) Au fond, on va bien le voir tout à l'heure, quand M. G. Ville affirmait qu'il y a des plantes qui fixent l'azote libre de l'air, il avait raison contre Boussingault. Mais ses expériences ne parurent pas irréprochables et n'emportèrent pas la conviction.

l'azote gazeux sur des composés binaires et ternaires, la benzine, l'essence de térébentine, la cellulose, la dextrine (1). Etendant ce résultat aux végétaux, il a émis l'avis que leurs matières ternaires sont capables de réaliser la même fixation par l'effet des effluves qui traversent incessamment l'atmosphère ; si Boussingault n'est jamais parvenu à la constater, c'est qu'il a opéré *in vitro*, à l'abri des influences électriques.

Des expériences de M. L. Grandeau avaient semblé confirmer le fait que l'électricité joue un rôle important dans les phénomènes de la végétation ; mais, répétées par d'autres savants, elles ont conduit à des résultats différents, en sorte qu'on dut en regarder les conséquences comme douteuses.

La question en était là, quand furent publiées les belles recherches de MM. Hellriegel et Wilfarth (2). Ces recherches ont enfin fait la lumière sur le grave sujet que nous examinons, du moins en ce qui concerne une famille végétale des plus intéressantes, celle des Légumineuses.

---

(1) *Annales de chimie et de Physique*, t. X, 1877).

(2) Hellriegel et Wilfarth (Traduction française, dans les *Annales de la science agronomique française et étrangère* t. Ier, 1890).

Elles l'ont faite de la manière la plus inattendue et dans un ordre d'idées absolument nouveau. Elles ont compris un nombre d'expériences extrêmement considérable qui leur donne une force de démonstration peu commune.

Les études de MM. Hellriegel et Wilfarth ont porté spécialement sur des graminées et des légumineuses. Ces dernières présentaient un intérêt capital. De tout temps, on a remarqué que loin d'épuiser le sol, elles l'enrichissaient. Caton leur reconnaît formellement cette propriété : « *Segetem stercorant faba, lupina, vicia.* » Virgile parle de l'utilité qu'il y a à les faire alterner avec le blé pour avoir de bonnes récoltes de cette céréale. C'était donc un fait établi depuis des siècles que les légumineuses étaient des plantes *améliorantes*. Précisant cette donnée, Boussingault avait montré dans ses recherches sur les assolements que les cultures qui fournissaient le plus d'azote en excès sur celui des engrais et par suite qui en prélevaient le plus sur l'atmosphère sous une forme ou une autre, étaient précisément les légumineuses. Enfin on savait que les engrais azotés étaient sans effet sur ces plantes. Il y avait, par suite, lieu de penser qu'elles se comportaient d'une manière particulière sous le rapport de leur alimentation azotée ; il devait être éminemment instructif de les étudier sous ce rapport comparativement avec d'autres.

De l'orge et de l'avoine furent cultivées à l'air libre dans du sable lavé, additionné d'eau et de sels minéraux convenables qui comprenaient des doses variées de nitrate de chaux. On trouva régulièrement, nous avons déjà eu occasion de le dire (§ **11**), que les plantes prenaient un développement d'autant plus grand et assimilaient d'autant plus d'azote qu'on leur avait offert plus d'engrais azoté; il y avait presque une exacte proportionnalité entre l'azote de l'engrais et le poids de la récolte sèche ; un gramme d'azote à l'état de nitrate rendait sensiblement 100 grammes de récolte ; mais l'azote des plantes en excès sur l'azote des graines était toujours un peu inférieur, jamais supérieur à celui du nitrate. Dans des conditions de culture semblables, les pois se comportèrent tout autrement ; aucune relation ne put être saisie entre l'azote donné au sol à l'état de nitrate de chaux et le développement des plantes ou leur teneur en azote ; l'azote de la récolte en excès sur celui des graines était tantôt inférieur, tantôt très supérieur à celui du nitrate ; il arriva même que l'expérience où la plante prospéra le mieux et assimila le plus d'azote, fut justement une de celles qui avaient été faites sans le concours d'engrais azoté.

Les botanistes avaient remarqué depuis longtemps que les légumineuses présentent fréquemment sur leurs racines de petits tubercules ou nodosités. L'attention ne s'était pas assez portée sur cette particularité. MM. Hellriegel et Wilfarth virent que les nodosités manquaient aux pois quand ils n'avaient pas donné d'excédent d'azote, qu'ils en étaient pourvus dans le cas contraire. De plus, le microscope leur fit apercevoir à l'intérieur des nodosités de petits corps bactériformes, qu'ils considérèrent comme des êtres organisés.

La production des excédents d'azote paraissait corrélative de l'existence des nodosités ; on pouvait, de plus, se demander si l'existence des nodosités n'était pas elle-même corrélative de la présence des petits êtres observés.

Pour vérifier ces hypothèses, il fallait faire des cultures en présence et en l'absence de ces êtres. Ceux-ci devant vraisemblablement exister dans la terre végétale, MM. Hellriegel et Wilfarth songèrent à les introduire dans leur sable de culture en l'arrosant simplement avec un peu de délayure de terre. Des légumineuses (serradelle, lupin, pois) furent cultivées dans du sable ainsi ensemencé ; elles portèrent des nodosités sur leurs racines et fournirent toutes des excédents d'azote. Avec des sables stériles, non ensemencés ou bien ensemencés au moyen de délayure stérilisée par la chaleur, point de nodosités, point de fixation d'azote. On s'expliquait maintenant l'inconstance des résultats obtenus dans les premiers essais sur les légumineuses : quand on avait observé des excédents d'azote sans avoir fait d'ensemencement, c'est que les sols s'étaient accidentellement ensemencés d'eux-mêmes, et tel était probablement aussi le fait survenu dans les anciennes expériences de Boussingault où un excédent d'azote avait été trouvé avec le trèfle et le pois.

M. Bréal apporta une nouvelle preuve en faveur de l'influence des petits êtres ou bactéroïdes, dont il a été parlé, sur la production des nodosités et celle des excédents d'azote chez les légumineuses (¹). Il réalisa, en effet, cette double production en inoculant les plantes avec le contenu des nodosités fraîches.

Ainsi, les légumineuses étaient susceptibles de renfermer plus d'azote en excès sur celui des graines, et cela en proportion considérable, que

(¹) *Comptes rendus de l'Académie des Sciences*, 1888.

ne leur en avait fourni le sol qui les avait portées; elles acquéraient cette propriété sous l'influence d'êtres microscopiques contenus dans les nodosités de leurs racines.

Leurs excédents d'azote ne pouvaient avoir été empruntés qu'à de l'azote existant, *sous une forme ou sous une autre,* dans l'atmosphère. Il n'était guère à penser que les composés azotés compris en si minime quantité dans l'air normal pussent être pour elles une source d'azote si abondante; c'était donc l'azote gazeux, libre, que fixaient les légumineuses. MM. Hellriegel et Wilfarth exécutèrent d'ailleurs des expériences qui tendaient à le prouver : ils obtenaient des excédents d'azote importants avec des cultures faites dans des appareils où l'intervention des composés azotés de l'air était négligeable.

Il restait, après ces travaux, à donner une preuve *directe* de l'origine des excédents d'azote. Il fallait faire pousser des légumineuses, dans des conditions où elles dussent fixer de l'azote, en présence d'un volume exactement connu de ce gaz, et constater, après leur développement, une diminution du volume employé, en même temps qu'une fixation d'azote correspondante dans le tissu des plantes obtenues. Telle est l'expérience, décisive à nos yeux quant à la détermination de la véritable origine de l'azote trouvé en excédent chez les légumineuses, qui a été exécutée récemment [1]. Elle a conduit au résultat attendu, démontrant définitivement l'absorption de l'azote *libre* de l'air et sa fixation dans la matière végétale de légumineuses. Dans cette expérience, l'ensemencement des bactéroïdes avait été pratiqué avec le contenu de nodosités fraîches de légumineuses [2].

En résumé, les légumineuses ont la faculté de fixer à haute dose l'azote gazeux de l'atmosphère ; cette fixation est corrélative de l'existence, sur leurs racines, de nodosités auxquelles donnent naissance et où se développent des êtres microscopiques particuliers (appartenant à la famille des pasteuriacées, voisine des bactéries, et pouvant varier notablement d'une légumineuse à une autre) ; la terre végétale, surtout celle où l'on a cultivé des légumineuses, contient les germes de ces microbes ; les légumineuses qui poussent dans une terre ainsi habitée portent naturellement des nodosités et fixent de l'azote

---

(1) TH. SCHLŒSING FILS et EM. LAURENT, *Comptes rendus de l'Académie des Sciences*, *2e semestre*, 1890).

(2) Voir pour la morphologie du microbe des nodosités, EM. LAURENT, *Annales de l'Institut Pasteur*, 1891).

gazeux ; si elles rencontrent dans le sol d'abondantes réserves de nitrates, elles en assimilent l'azote, portent moins de nodosités et prélèvent sur l'atmosphère une moindre quantité d'azote.

Des expériences toutes récentes [1] exécutées, comme celles de 1890 dues aux mêmes auteurs, à la fois par la méthode directe fondée sur la mesure de l'azote gazeux et la méthode indirecte consistant dans l'analyse des graines, des sols et des récoltes, viennent encore de confirmer les résultats précédents relatifs aux légumineuses. Elles ont, de plus, montré que, dans les conditions où elles ont eu lieu, l'avoine, la moutarde, le cresson, la spergule n'ont point fixé d'azote gazeux; mais elles ont aussi établi le fait, annoncé déjà et mal prouvé, qu'il y a des êtres inférieurs doués de la propriété d'opérer pareille fixation. Des plantes vertes inférieures, parmi lesquelles on a reconnu certaines algues et certaines mousses et qui comprenaient sans doute encore d'autres organismes, ont positivement absorbé de l'azote libre et l'ont fait entrer dans leur substance. Dans l'état actuel de la

---

(1) TH. SCHLŒSING FILS et ÉM. LAURENT. — *Comptes rendus de l'Académie des Sciences*, 2e *Semestre*, 1891, et *Annales de l'Institut Pasteur*, février, 1892.

question, on ne saurait désigner avec plus de précision les agents de cette sorte de fixation. On n'en conçoit pas moins toute l'importance que peut présenter le fait même de la fixation par des êtres tels que ceux dont il s'agit, si l'on songe à l'universalité de leur diffusion.

Il est possible que des plantes supérieures autres que les légumineuses soient capables de fixer l'azote libre ; s'il y en a, parmi celles qu'on cultive en grand dans nos champs, qui soient douées de cette faculté, elles doivent la posséder à un degré moindre que les légumineuses ; le contraire eût été probablement révélé déjà par la pratique agricole.

CHAPITRE V

—

MATIÈRES MINÉRALES CONTENUES DANS LES PLANTES

13. Nature des matières minérales des végétaux. — Lorsqu'on brûle un végétal ou l'une de ses parties, on obtient comme résidu des cendres, c'est-à-dire des matières qu'une température élevée n'a pas détruite, des matières minérales. La préparation des cendres peut se faire en produisant l'incinération dans tel récipient qu'on voudra où l'accès de l'air est facile, par exemple dans une capsule de platine. On cherchera, en général, à la conduire de manière que la température s'élève le moins possible, afin d'éviter les pertes de corps légèrement volatils, tels que les chlorures.

L'analyse montre que les cendres de végétaux les plus divers se composent essentiellement d'un certain nombre de substances, qui sont toujours les mêmes, mais qui se présentent dans des proportions très variables, et dont voici la liste :

Acide carbonique.	Potasse.
— sulfurique .	Soude.
— chlorhydrique.	Chaux.
— phosphorique .	Magnésie.
— silicique.	Oxydes de fer et de manganèse

Les cendres renferment aussi, le plus souvent, du sable et des matières terreuses. Mais ces substances ne font pas partie des végétaux. Elles proviennent de poussières de l'air ou de projections de terre faites par la pluie et les vents, déposées et collées sur les divers organes.

Les carbonates résultent de la décomposition

des sels à acides organiques, opérée lors de l'incinération. Ils ne peuvent préexister dans la plante, dont les sucs sont d'ordinaire en majorité acides. Exceptionnellement on trouve dans les cellules végétales de petits cristaux de carbonate de chaux (*cystolithes*).

La potasse, la soude, la chaux, se trouvent dans les cendres en grande partie à l'état de carbonates ; pour la magnésie, elle est généralement libre, son carbonate ne résistant pas à la température de l'incinération.

Les petites quantités d'ammoniaque et l'acide nitrique que renferment les végétaux, ne se retrouvent plus dans leurs cendres ; la combustion les a fait disparaître. L'acide nitrique est encore une cause de production d'acide carbonique au cours de l'incinération ; on sait que, chauffés au contact d'une matière organique, les nitrates fournissent des carbonates.

L'analyse ne donne que la composition brute des cendres. La manière dont les composés trouvés sont associés dans la plante, ne peut être déterminée d'une manière positive. Pourtant dans certains cas, et pour quelques corps seulement, elle est presque manifeste. Ainsi, il y a des graines qui contiennent beaucoup d'acide phosphorique et très peu de bases autres que la potasse, la chaux et la magnésie ; ces trois bases y existent vraisemblablement à l'état de phosphates. De même, dans la paille, la proportion des acides, en dehors de la silice, est suffisante pour saturer les bases ; la silice doit y être libre. Les études microchimiques (réactions observées au microscope) promettent les plus précieuses indications sur ce sujet.

Les substances que nous avons énumérées, sont, pour ainsi dire, fondamentales dans les cendres ; sauf peut-être le manganèse, elles n'y font jamais défaut. A côté d'elles on en trouve d'autres, en proportions très faibles, dont la présence est purement accidentelle (*rubidium*, *lithium*,...) et tient à ce que toute matière soluble d'un sol peut passer dans un végétal qui la trouve à sa portée. Il peut aussi y en avoir, en dehors de la liste ci-dessus, qui existent normalement, en quantité minime, dans certaines cendres. On sait que le zinc se rencontre toujours dans les cendres d'une moisissure, l'*Aspergillus niger* (RAULIN).

14. Répartition des matières minérales dans les diverses parties des végétaux. — Variations selon l'âge, l'espèce, le sol. — Les matières minérales sont très inégalement distribuées dans la plante, ainsi que le montrent les chiffres suivants obtenus par Saussure :

Désignation des différentes parties des végétaux	Cendres p. 100 de plante sèche	Dans 100 de cendres			
		Sels solubles dans l'eau	Phosphates terreux	Carbonates terreux	Silice
Froment					
Paille . . .	4,3	9	5	1	61,5
Grain . . .	1,3	21	38	0	0,5
Chêne					
Tiges écorcées de jeune chêne .	0,4	26	28,5	12,5	0,12
Ecorce de ces tiges . .	6,0	7	4,5	63,25	0,25
Tronc — bois . .	0,2	38,6	4,5	32	2
Tronc — aubier .	0,4	32	24	11	7,5
Tronc — écorce .	6,0	7	3	6,6	1,5
Feuilles — 10 mai .	5,3	47	24	0,12	3
Feuilles — 27 sept^re^	5,5	17	18,25	23	14,5

Le peuplier, le noisetier, le mûrier, le charme, le marronnier, ont donné des résultats analogues à ceux du chêne. L'écorce et les feuilles contiennent 30 fois plus de matière minérale que le bois. Non-seulement la quantité totale, mais aussi la composition de ces matières est très variable.

L'âge entraîne des variations considérables pour chaque individu. Le taux des cendres diminue notablement, dans l'ensemble de la plante, à mesure que le développement se poursuit. Ce n'est pas que les matières minérales soient en partie rejetées ; c'est que l'assimilation de ces matières, tout en se continuant, se ralentit et se laisse dépasser par la formation des principes immédiats.

Les principes minéraux accomplissent dans les divers organes du végétal une migration continue qui est des plus remarquables. (Corenwinder, I. Pierre). Certains d'entre eux se portent, au moment voulu, vers les organes de la reproduction. La potasse et l'acide phosphorique abondent dans les graines, les bourgeons et les jeunes pousses [1]. Ils se retirent des feuilles lorsque l'époque de leur chute approche ; ils sont alors remplacés par les carbonates terreux et la silice. La potasse se retire également d'autres parties caduques comme l'écorce. Il y a là une heureuse disposition naturelle, d'après laquelle les principes nutritifs les plus précieux sont placés à la portée des jeunes organes pour en favoriser le développement et sont ensuite rappelés et

---

[1] Les herbivores recherchent ces organes pour leur alimentation, parce qu'ils sont particulièrement riches tant en matières minérales qu'en matières organiques des plus utiles.

comme mis en réserve dans d'autres parties lorsque ces organes vieillis ne fonctionnent plus d'une manière active et utile pour la plante et qu'ils sont près de tomber.

D'une espèce végétale à une autre, les principes minéraux varient, en quantité, entre des limites très éloignées. Par exemple, le froment à maturité donne environ 3,5 $^0/_0$ de cendres, la ficoïde glaciale 50, certains lichens 60. D'une manière générale, les plantes herbacées en fournissent plus que les grands végétaux, ce qui est attribuable à une plus forte transpiration ; nous avons vu (§ 9) que dans des conditions où l'évaporation par les feuilles avait été de beaucoup diminuée, un plant de tabac n'avait absorbé qu'une portion (la moitié) des matières minérales qu'il aurait prises s'il avait été cultivé à l'air libre.

La composition des cendres est également très variable d'une espèce à l'autre ; mais dans une même espèce elle présente une constance relative (MALAGUTI et DUROCHER, *Annales de chimie et de physique*, t. LIV, 1858). Chaque espèce a une avidité spéciale pour chaque principe minéral et l'absorbe en raison de cette avidité. Ce n'est là qu'une figure, une manière de traduire en langage vulgaire le résultat brut des phénomènes complexes intervenant dans l'absorption des principes minéraux par les plantes.

Le sol, source de la matière minérale qui passe dans les végétaux, exerce naturellement son influence sur la quantité et surtout la composition de cette matière. Il ne peut donner beaucoup des principes dont il contient peu. Il offre, au contraire, généreusement ceux qu'il renferme en abondance ; et alors même que les plantes n'ont pas grande avidité pour ces derniers, elles en prennent néanmoins une certaine quantité qui est entraînée dans le courant de la sève ascendante. Aini Saussure a trouvé deux fois plus de chaux dans des feuilles (rhododendron, aiguilles de pin) venues sur terrain calcaire que dans des feuilles semblables venues sur terrain granitique.

Citons encore le tabac ; suivant les terrains qui l'ont produit, il peut contenir de 0,2 à 5 % de potasse.

Ainsi une plante n'a pas besoin de proportions rigoureusement déterminées de principes minéraux ; elle peut s'accommoder de terrains très différents. S'il en était autrement, la production des plantes cultivées serait limitée à de bien petites étendues. La même latitude s'observe en ce qui concerne les principes organiques : la betterave peut renfermer tantôt de grandes, tantôt de petites quantités de sucre ; dans les deux cas, elle acquiert son développement complet et présente toutes les apparences d'une bonne végétation.

Il y a une partie du végétal qui, malgré les causes de variation signalées, présente dans sa composition, tant organique que minérale, une constance remarquable; c'est la graine. Les principes nutritifs qu'elle renferme, sont, en effet, de première utilité pour le développement de l'embryon et la proportion de chacun d'eux répond à un besoin véritable.

15. Nécessité des matières minérales pour les végétaux. — Contrairement à l'opinion reçue jusqu'au commencement du siècle, la présence des matières minérales existant dans les végétaux n'est pas purement accidentelle, et par conséquent inutile. La plupart d'entre elles sont des aliments de première nécessité; de nombreux travaux l'ont établi.

Pour savoir si une plante a besoin d'un certain principe, on la cultive comparativement dans un milieu qui contient, outre tous les autres principes déjà reconnus nécessaires, celui qu'on étudie et dans le même milieu exempt dudit principe. On juge de l'utilité du principe d'après l'état des deux cultures un des milieux dont on a fait le plus d'usage, est l'eau.

Opérant avec des dissolutions étendues de

substances variées, dissolution dont le titre était compris ordinairement entre 2 et 5 millièmes (Sachs, Nobbe, Stohman, Knop), on a démontré d'une manière définitive la nécessité pour les plantes de la potasse, de la chaux, de la magnésie, de l'acide sulfurique, de l'acide phosphorique et de l'oxyde de fer [1]. En l'absence de l'un de ces aliments, on ne réussit pas à obtenir, après l'épuisement de la graine, un développement satisfaisant de la plante. La soude ne paraît pas, en général, nécessaire ; elle ne saurait remplacer la potasse, qui mérite bien son nom d'alcali végétal. Le chlore n'est pas indispensable ; cependant, d'après Nobbe et Siégert, il jouerait un rôle essentiel dans la formation des graines du sarrasin. La silice n'est pas un aliment essentiel de la plante ; elle peut même manquer aux céréales, qui la contiennent d'ordinaire en si grande abondance ; néanmoins elle fortifie leurs pailles et contribue par là à empêcher la verse.

---

(1) Le fer est un agent de la formation de la chlorophylle (E. et A. Gris). L'acide sulfurique et l'acide phosphorique sont les sources du soufre et du phosphore de la matière végétale ; ces éléments sont peut-être fournis aussi par les composés sulfurés et phosphorés du sol sur lesquels MM. Berthelot et André ont récemment attiré l'attention.

16. Restitution au sol des matières minérales enlevées par les récoltes. — Les récoltes et tous les produits qui sortent d'une exploitation agricole (lait, viande, etc...) emportent avec eux une certaine quantité de matières minérales. Du moment qu'il est établi que ces matières jouent un rôle de premier ordre dans la nutrition végétale, il faut les restituer au sol qui les a perdues ; autrement on l'appauvrit. Pour avoir ignoré cette grande loi de la restitution, les Anciens ont rendu stériles des régions d'une admirable fertilité.

Il y a des cas où, par la décomposition spontanée des débris de roches qui le constituent, le sol gagne peu à peu autant de principes fertilisants minéraux qu'il lui en est ôté ; mais ce sont là des conditions exceptionnelles, qui ne se présentent que pour quelques-uns et non pas tous les principes nécessaires et ne se maintiennent pas indéfiniment.

L'acide sulfurique, l'oxyde de fer et la magnésie existent très généralement dans les sols en proportions telles qu'il n'y a pas à s'occuper de leur restitution ; il n'en est pas de même de la potasse, de l'acide phosphorique et, très souvent, de la chaux. La potasse et l'acide phosphorique sont les principes dont il y a tout spécialement lieu d'assurer la conservation.

Le fumier fait au sol de précieux apports de principes minéraux ; mais il ne peut suffire à une restitution intégrale ; car il est lui-même, en général, un des produits du domaine qui l'emploie.

La restitution véritable se fait avec des éléments venus du dehors, remplaçant ceux qui ont été exportés.

Boussingault a analysé pendant plusieurs années les cendres de toutes les récoltes provenant de son domaine de Bechelbronn. Les résultats de ses analyses représentent la composition minérale de plusieurs plantes très répandues et très importantes ; il est utile de les connaître.

Désignation des végétaux	Cendres dans 100 de plante sèche	100 de cendres contiennent :								
		Acide carbonique	Acide sulfurique	Acide phosphorique	Chlore	Chaux	Magnésie	Potasse	Soude	Silice
Pommes de terre.	4	13,4	7,1	11,3	2,7	1,8	5,4	51,5	traces	5,6
Betteraves . . .	6,3	16,1	1,6	6,0	5,2	7,0	4,4	39,0	6,0	8,0
Navets	7,6	14,0	10,9	6,1	2 9	10,9	4,3	33,7	4,1	6,4
Topinambours. .	6	11,0	2,2	10,8	1,6	2,3	1,8	44,5	traces	13,0
Froment. . . .	2,4	//	1,0	47,0	traces	2,9	15,9	39,5	traces	1,3
Paille de froment.	7	//	1,0	3,1	0,6	8,5	5,0	9,2	0,3	67,6
Avoine	4	1,7	1,0	14,9	0,5	3,7	7,7	12,9	0	53,3
Paille d'avoine .	5,1	3,2	4,1	3,0	4,7	8,3	2,8	24,5	4,4	40,0
Trèfle.	7,7	25	2,5	6,3	2,6	24,6	6,3	26,6	0,5	5,3
Pois	3,1	0,5	4,7	30,1	1,1	10,1	11,9	35,3	2,5	1,5
Haricots. . . .	3,5	3,3	1,3	26,8	0,1	5,8	11,5	49,1	0	1,0
Fèves.	3,0	1,0	1,6	34,2	0'7	5,1	8,6	45,2	0	0,5

M. E. Wolff a dressé des tables indiquant la composition complète d'un grand nombre de substances végétales et autres. On les utilisera avec le plus grand profit pour calculer la quantité de principes minéraux emportés par les récoltes ou importés par les engrais [1].

Nous ne saurions nous arrêter davantage sur l'étude de la restitution sans entrer dans celle des engrais, qui ne nous appartient pas. Il nous suffira d'avoir signalé la nécessité de rendre au sol les matières minérales qu'il perd de diverses manières, nécessité dont doit se préoccuper tout praticien prévoyant et dont la connaissance est une des plus utiles conquêtes de la science agricole [2].

---

(1) Consulter aussi dans le même but l'important ouvrage de MM. A. Müntz et A.-Ch. Girard, intitulé *les Engrais*.

(2) Il serait naturel d'étudier ici l'assimilation des matières minérales par les plantes. Mais c'est là une pure question de *Physiologie végétale*, qui ne nous paraît pas rentrer dans le cadre du présent ouvrage.

DEUXIÈME PARTIE

ÉTUDE DE L'ATMOSPHÈRE CONSIDÉRÉE COMME SOURCE D'ALIMENTS DES PLANTES

---

17. — L'atmosphère joue un rôle des plus importants dans la nutrition des plantes; elle doit être étudiée au point de vue spécial des ressources alimentaires qu'elle leur offre.

Elle constitue un milieu sur lequel le cultivateur n'a aucune prise, aucun pouvoir. La connaissant mieux, il n'en sera pas plus maître. Mais de là ne résulte pas que l'étude en doive être pour lui sans intérêt et sans profit; on l'a déjà vu et on le verra encore par la suite.

L'eau est un des éléments de l'atmosphère qui interviennent le plus dans le développement des végétaux. Elle est d'abord un de leurs aliments nécessaires. Elle exerce en outre sur eux son influence par les variations qu'elle entraîne pour l'état atmosphérique. L'étude de sa répartition, de ses transformations, de ses déplacements dans l'atmosphère mérite une sérieuse attention ; mais elle est du domaine de la météorologie ; nous la laisserons de côté.

La plupart des principes que les plantes puisent dans l'atmosphère, y sont contenus en très minimes proportions. Si certains d'entre eux jouent un rôle si efficace dans la végétation, c'est qu'ils possèdent une extrême mobilité, tant à cause des mouvements incessants de la masse gazeuse où ils sont compris que par suite de leur propre faculté de se diffuser dans cette masse. Une racine située dans le sol à côté d'un fragment de phosphate qu'elle ne touche pas, n'en saurait profiter ; elle ne franchit pas, non plus que l'engrais, la distance qui les sépare. Mais les principes gazeux de l'atmosphère peuvent se rendre au-devant des plantes et leur apporter leur nourriture.

CHAPITRE PREMIER

—

AZOTE ET OXYGÈNE

18. — L'air atmosphérique normal est essentiellement un mélange d'azote et d'oxygène, renfermant en moyenne 79,04 volumes du premier gaz pour 20,96 du second. La détermination de cette composition a été l'objet d'un grand nombre de travaux de première importance (Lavoisier, Gay-Lussac et Humboldt, Dumas et Boussingault, Bunsen, Regnault); les chiffres ci-dessus sont les moyennes des résultats de Regnault.

Parmi ces travaux, ceux de Regnault [1] doivent nous arrêter un moment. Ils ont eu spécialement pour objet de faire connaître si la composition de

---

[1] *Annales de chimie et de physique*, 1853.

l'atmosphère en azote et oxygène est en tout lieu uniforme. Regnault fit prélever par des voyageurs dans les régions les plus variées du globe des échantillons d'air, qui lui furent rapportés et dont il exécuta l'analyse eudiométrique. Il arriva à cette conclusion que les proportions d'azote et d'oxygène sont partout sensiblement les mêmes. Les variations qu'il constata n'atteignaient guère que quelques dix-millièmes du volume de l'air analysé, c'est-à-dire qu'elles ne dépassaient guère les erreurs d'analyse possibles (1).

Cette constance de la composition de l'atmosphère peut étonner si l'on considère qu'il y a bien des phénomènes qui doivent sans cesse la troubler : d'une part, la respiration des animaux, les combustions diverses, l'oxydation de certaines roches, tendent à abaisser le taux d'oxygène, d'autre part la végétation tend à l'élever. Ne pourrait-il arriver que, ces actions contraires ne se compensant pas exactement, la composition de l'atmosphère variàt considérablement

(1) D'après un travail récent de M. Leduc, la composition moyenne de l'air normal serait la suivante : 21,02 d'oxygène pour 78,98 d'azote. (*Comptes rendus de l'Académie des sciences, 4 août* 1890 *et* 20 *juillet* 1891.)

d'une région à une autre et n'en vînt en certains points à sortir des limites entre lesquelles la vie est possible ? Les expériences de Regnault prouvent qu'il n'y a pas lieu de s'alarmer sur ce point. On s'explique le fait dès qu'on songe à l'existence des immenses courants qui sillonnent l'atmosphère, qui la brassent sans cesse et favorisent ainsi le mélange de ses diverses parties.

Mais à côté de ces variations temporaires, se produisant entre des points différents et qui, nous le voyons, n'ont aucune importance, il faut distinguer les variations permanentes ou séculaires que peut subir l'ensemble de notre atmosphère dans la suite des temps. Celles-ci, consistant par exemple dans la disparition d'une partie de l'oxygène, ne pourraient-elles devenir dangereuses et menacer de changer l'équilibre du monde vivant? Dumas et Boussingault ont calculé que notre atmosphère contient un poids d'oxygène représenté par 134000 cubes de cuivre de 1 kilomètre de côté et que, pendant un siècle, en supposant que les causes de perte seules agissent, il s'en consommerait 15 ou 16 cubes [1]. On voit par là qu'au bout de mille ans on ne

---

[1] Dumas et Boussingault. — *Annales de chimie et de physique*, 1841.

pourrait constater qu'une diminution d'un huit-centième de l'oxygène, et cette diminution ne serait pas nettement saisissable par nos moyens actuels d'analyse. Nous sommes donc loin de pouvoir connaître les variations séculaires du taux de l'oxygène aérien.

CHAPITRE II

—

ACIDE CARBONIQUE

19. — Si l'on fait barboter de l'air ordinaire dans de l'eau de baryte, on voit bientôt le liquide se troubler. Il s'est formé du carbonate de baryte. C'est un signe de la présence de l'acide carbonique dans l'atmosphère. Ce gaz nous intéresse particulièrement ; nous savons quel rôle il joue dans la nutrition des plantes, auxquelles il fournit leur élément fondamental, le carbone.

20. Dosage. — Thénard, Th. de Saussure, Brunner [1], Boussingault, ont dosé l'acide carbonique existant dans l'atmosphère. Ils ont généralement trouvé des chiffres un peu trop forts. Des expériences exécutées par divers savants de-

---

[1] *Annales de chimie et de physique*, 3e série, t. III.

puis une vingtaine d'années, ont conduit à des résultats tout à fait précis ; voici un résumé de ces expériences.

En Allemagne, M. Pettenkofer, puis M. Schulze ont eu recours à une méthode fondée sur l'emploi des liqueurs titrées. Les résultats publiés vers 1873 par M. Schulze approchent de très près de ceux qu'on regarde aujourd'hui comme les plus exacts. Ce savant opérait sur un volume de 4 litres d'air seulement, qu'il laissait pendant 24 heures dans un flacon en contact avec de l'eau de baryte titrée. Il dosait ensuite la baryte demeurée libre au moyen d'une solution titrée d'acide oxalique, qui était introduite, avec un peu de teinture de curcuma, dans le flacon même contenant l'air en expérience, et qui, étant suffisamment étendue, n'attaquait pas le carbonate de baryte formé. Il déduisait facilement de ce dosage et du volume d'air employé le taux d'acide carbonique cherché. Il a obtenu comme moyenne générale de déterminations journalières poursuivies pendant plusieurs années 2,92 volumes d'acide carbonique dans 10000 volumes d'air, avec un maximum de 3,44 et un minimum 2,25 (expériences faites sur le bord de la mer Baltique). Opérant par la même méthode à Calèves (Suisse), M. E. Risler est arrivé à une moyenne générale de 3,035 pour une période d'une année complète ([1]).

M. Reiset fait barboter au moyen d'un grand aspirateur un volume très considérable d'air, desséché au préalable sur de la ponce sulfurique, dans une dissolution de baryte ; celle-ci est titrée, avec toutes les précautions convenables, avant et après l'expérience au moyen d'acide sulfurique. L'absorption de l'acide carbonique est, grâce à un barboteur particulier, tout à fait complète. Le tableau ci-dessous présente le résumé des résultats obtenus par M. Reiset :

Acide carbonique dans 10,000 volumes d'air.	Proportion
Station des champs, à Ecorcheboeuf (Seine-Inf^{re})	
Moyenne générale	2,962
Minimum	2,743
Maximum	3,518
Station à Paris	
Moyenne	3,057
Minimum	2,913
Maximum	3,516

([1]) *Comptes rendus de l'Académie des Sciences*, 1882.

Les maxima et minima de ce tableau représentent des proportions exceptionnelles d'acide carbonique. Les oscillations normales se font entre 2,8 et 3,0. Ces oscillations sont plus soudaines et plus nombreuses pendant la saison d'été.

Enfin MM. Müntz et Aubin ont institué une méthode ayant spécialement pour but de permettre l'étude de la répartition de l'acide carbonique aérien sur divers points du globe (1). Elle consiste à faire passer, au moyen d'un aspirateur jaugé, un volume connu d'air dans un tube de verre renfermant de la ponce potassée, à dégager ultérieurement par l'action de l'acide sulfurique à 100° le gaz carbonique fixé, à extraire intégralement ce gaz du tube en s'aidant d'une trompe à mercure et à le mesurer en volume. Les prises de gaz peuvent être exécutées dans un lieu quelconque où l'on transporte tubes et aspirateur. Dès qu'elles sont faites, les tubes sont fermés à la flamme d'une lampe à alcool; ils peuvent être conservés très longtemps avant d'être rapportés au laboratoire où ils sont traités.

D'après les chiffres fournis par cette méthode (2), l'atmosphère de l'hémisphère nord

(1) *Annales de chimie et de physique*, 1882.

(2) *Comptes rendus de l'Académie des Sciences*, 1883.

(moyenne 2,82 extrêmement voisine de la moyenne obtenue en France par le même procédé) serait un peu plus riche en acide carbonique que celle de l'hémisphère sud.

21. Circulation de l'acide carbonique. — Il résulte des recherches qui précèdent, que l'acide carbonique aérien est répandu, à toute altitude, en tout pays et à tout moment, en proportion à très peu près uniforme. Comme pour l'oxygène, cette uniformité se maintenant malgré les causes nombreuses qui tendent à la troubler (absorption d'acide carbonique par les végétaux, dégagement du même gaz par les combustions, par les volcans, etc...,), peut être attribuée au brassage incessant de l'atmosphère dû aux vents réguliers ou autres.

M. Schlœsing a fait voir que l'on pouvait, en outre, considérer les eaux marines comme jouant un rôle important dans le maintien de l'uniforme répartition de l'acide carbonique au sein de l'atmosphère. L'eau de mer renferme, en effet, une provision relativement considérable de bicarbonates susceptibles de dissocier ou de se reconstituer suivant les cas. Si l'acide carbonique diminue dans l'atmosphère, les bicarbonates de la mer en fournissent ; s'il augmente, les carbonates neutres en absorbent (§ **43**).

Ainsi d'un côté les mouvements de notre atmosphère et de l'autre l'intervention des eaux marines nous défendent contre des variations relativement brusques du taux de l'acide carbonique aérien qui tiendraient à des causes momentanées ou locales. Mais les variations à longue échéance, lentes et continues, nous sont inconnues, et, s'il en existe, nous n'apercevons aucune influence qui les combatte. Il est fort probable que notre atmosphère a été, dans les temps primitifs, beaucoup plus riche en acide carbonique qu'elle l'est aujourd'hui ; d'abord, une énorme quantité de ce gaz a été fixée lors de la formation des roches calcaires ; en second lieu, on trouve des restes de plantes anciennes, dont le développement a été bien plus considérable que celui des représentants actuels des mêmes espèces et peut être attribué à l'abondance de l'acide carbonique aérien. Cet appauvrissement de notre atmosphère se continue-t-il, et, dans le cas de l'affirmative, ira-t-il jusqu'au point où il causerait la ruine de la végétation et par suite la fin de toute vie à la surface du globe? La solution de ces problèmes nous échappe absolument ; elle ne pourra être fournie que par des dosages exécutés avec une extrême précision à des intervalles de temps très considérables.

22. Influence de la pluie sur le taux de l'acide carbonique de l'atmosphère. — C'est une erreur trop fréquemment commise que de croire la pluie capable de dépouiller l'atmosphère d'une forte proportion de son acide carbonique. On dit : l'acide carbonique est soluble dans l'eau ; donc il doit s'absorber dans la pluie. Mais on oublie que sa tension dans l'air est au plus de $0^{atm},0003$ et que sa dissolution se fait en raison de cette tension. Considérons une pluie assez forte pour former sur le sol une couche d'eau de 50 millimètres ; supposons qu'elle soit tombée d'une hauteur de 500 mètres et qu'en traversant l'atmosphère elle se soit saturée d'acide carbonique. Le coefficient de solubilité de l'acide carbonique étant sensiblement égal à 1 à la température ordinaire, elle aura pris de ce gaz un volume égal au sien multiplié par 0,0003, soit $0^{cc},15$ par décimètre carré de la surface du sol qu'elle a arrosé. Or, dans le prisme d'air vertical reposant sur ce même décimètre carré et ayant 500 mètres de hauteur, il y avait avant la pluie, $5000^{lit} \times 0,0003$ ou 1500^{cc} d'acide carbonique. La pluie n'a donc pu prendre que $\frac{1}{10000}$ du gaz carbonique compris dans la couche d'air visitée par elle (1). C'est pour cette couche une

(1) On arrive immédiatement à ce chiffre, si l'on con-

perte insignifiante; encore sera-t-elle vite réparée par mélange avec les couches voisines.

---

sidère qu'il y a dans un volume quelconque d'eau, saturée d'acide carbonique en présence de l'air, précisément autant de cet acide que dans un égal volume d'air; ce fait est une conséquence de la solubilité particulière de l'acide carbonique.

CHAPITRE III

ACIDE AZOTIQUE

23. — Il nous reste à rechercher dans l'atmosphère deux substances, l'acide azotique et l'ammoniaque, qui n'y sont contenues qu'en proportions tellement faibles qu'on a cru d'abord qu'elles n'y pouvaient jouer aucun rôle ; elles constituent pourtant une source, qui n'est pas absolument négligeable, de l'azote des végétaux.

On a constaté, il y a déjà longtemps, la présence de l'acide azotique dans les pluies d'orage (Liebig) ; plus tard, on a trouvé cet acide dans la plupart des pluies (Bence Jones, Barral).

L'acide azotique n'existe pas d'ordinaire à l'état libre dans l'atmosphère ; il s'y rencontre sous forme d'azotate d'ammoniaque, accompagné d'azotite. Il prend naissance dans l'atmosphère même par la combinaison directe de l'azote et de l'oxygène sous l'influence de décharges électriques. On connaît l'expérience classique de Cavendish sur ce sujet.

L'azote et l'oxygène de l'air peuvent encore se combiner sous d'autres influences que celle de l'étincelle électrique. Chaque fois que les deux gaz se trouvent portés, l'un en présence de l'autre, à une haute température, ils s'unissent en partie ; c'est ce qui arrive dans la plupart des combustions vives. Mais l'acide azotique ainsi produit doit exister en bien faible quantité et pouvoir être négligé.

On n'a pas réussi jusqu'ici à doser convenablement l'acide azotique répandu dans l'atmosphère. Cela tient sans doute à ce qu'il y existe à l'état d'azotate d'ammoniaque, composé dénué de tension gazeuse à la température ordinaire et par suite impropre à se fixer sur des réactifs absorbants : on peut faire passer à travers une longue colonne d'eau des bulles d'air chargées artificiellement de fumée d'azotate d'ammoniaque ; on ne réussit pas à absorber cette fumée (Schlœsing).

24. Dosages de l'acide azotique dans les eaux météoriques. — La détermination de l'acide azotique dans les eaux météoriques est facilement réalisable. On doit, sur ce sujet, de précieuses observations à Boussingault (Est de la France), au colonel Chabrier (Provence), à MM. Lawes et Gilbert (Angleterre) et à bien d'autres expérimentateurs, particulièrement en Allemagne. Voici quelques-uns des résultats obtenus:

Dosages de Boussingault	Acide azotique
PLUIES	
Juillet-novembre (déterminations faites au Liebfrauenberg), moyenne.	par litre 0mg,184
Maximum (commmencement d'une pluie)	6, 23
Minimum	0
NEIGE	
Février-mars (déterminations faites presque exclusivement à Paris), moyenne	par litre d'eau de fusion 1mg,48
GRÊLE	
Septembre (Liebfrauenberg) . . .	0mg,3
Avril (Paris) { grêlons.	0, 83
Avril (Paris) { pluie.	0, 55
BROUILLARD	par litre d'eau provenant du brouillard
Octobre-décembre	de 0mg,39 à 1mg,83
19 décembre 1857 (Paris, brouillard exceptionnel).	10mg,11
ROSÉE	
Moyenne de 27 expériences . . .	0mg,279
Maximum.	1, 121
Minimum	0, 06

La neige est beaucoup plus riche en acide azotique que la pluie. Occupant sous un même poids un volume bien plus grand et présentant une surface bien plus étendue que les gouttes de pluie, tombant, en outre, avec lenteur, elle doit bien mieux dépouiller l'air de la poussière d'azotate d'ammoniaque qui y est suspendue. Notons que cette poussière, comme toute autre, devient de plus en plus rare à mesure qu'on s'élève dans l'atmosphère. En ce qui concerne les corpuscules organisés, M. Pasteur a montré que l'air en contenait bien moins sur le Montauvert (2000 mètres) que dans une vallée voisine. MM. Müntz et Aubin ont fait une constatation semblable pour la poussière d'azotate d'ammoniaque : ils n'ont point trouvé d'acide azotique dans les eaux météoriques recueillies au sommet du Pic du Midi, à 2880 mètres d'altitude (1).

Les chiffres suivants, dus à Boussingault, montrent qu'une pluie prolongée dépouille peu à peu l'atmosphère d'une grande partie de son acide azotique. Chaque pluie étudiée a été divisée en 4 périodes consécutives, au cours des-

(1) *Comptes rendus de l'Académie des Sciences* t. XCV et XCVII.

quelles on a pris des échantillons (moyennes de 18 pluies) :

Périodes de pluie	Acide azotique par litre
1re prise	0mg,94
2e »	0, 41
3e »	0, 37
4e »	0, 24

L'ensemble des chiffres qui précèdent a conduit Boussingault à admettre que la quantité d'azote à l'état d'acide azotique tombant annuellement par hectare avec les eaux météoriques était, au Liebfrauenberg, de 0kg,33.

MM. Lawes et Gilbert, à Rothamsted, ont trouvé, dans des expériences analogues, les chiffres de 0kg,86 en 1855 et 0kg,81 en 1856.

En 1870-71, le colonel Chabrier [1] a exécuté de nombreux dosages sur des eaux de pluie tombées à Saint-Chamas (Provence). Il y a constaté, en même temps que la présence d'acide azotique, celle d'acide azoteux en proportion relativement importante. D'après ses analyses, l'acide azoteux ou azotique apporté annuellement au

(1) Chabrier. — *Annales de Chimie et de Physique*. 4e Série, t. XXIII. — Consulter aussi Dehérain (*Annales agronomiques*, t. X, p. 83).

sol par les eaux de pluie, sous le climat de Saint-Chamas, équivaut à 2^{kg},8 d'azote par hectare.

La production des acides azoteux et azotique au sein de l'atmosphère est surtout intense dans les régions tropicales, ou les décharges électriques ont une fréquence et une intensité extraordinaires. On devait prévoir que les eaux de pluie y seraient particulièrement chargées de ces acides. C'est ce qu'ont confirmé récemment les recherches de MM. Müntz et Marcano. D'après ces savants, la quantité d'azote apporté annuellement à un hectare, sous forme d'acide azotique, par les eaux pluviales, est de 5^{kg},8 à Caracas (Venezuela) et de 6^{kg},9 à Saint-Denis (Ile de la Réunion)[1].

Pour conserver sans altération, les eaux recueillies dans des régions lointaines et pouvoir les examiner après de longs transports, on les faisait réduire, par évaporation, à un très faible volume et les additionnait ensuite d'une forte proportion d'alcool.

Les apports d'azote nitrique par les pluies sont peu de chose dans nos pays et n'y doivent guère intervenir dans la végétation. Mais sous les tropiques ils peuvent constituer une véritable fumure azotée, correspondant à environ 40^{kg} de nitrate de soude par hectare; il est naturel de leur attribuer là une part d'influence très sensible sur le magnifique développement des plantes.

---

(1) *Comptes rendus de l'Ac. des Sciences*, t. CVIII.

CHAPITRE IV

AMMONIAQUE

25. Dosage. — La présence de l'ammoniaque dans l'atmosphère a été constatée par Th. de Saussure. Brandes la reconnut ensuite dans les eaux pluviales (1825).

De nombreux expérimentateurs ont essayé de doser l'ammoniaque atmosphérique [1]. Pendant

---

(1) Il ne faudrait pas que cette expression d'ammoniaque atmosphérique donnât à entendre qu'il existe dans l'air de l'ammoniaque libre. Une portion de l'alcali y est, nous l'avons vu, combinée à l'acide azotique ; le reste, c'est-à-dire la majeure partie, doit être carbonaté, attendu qu'il n'est, en poids, que la 25000e partie de l'acide carbonique de l'atmosphère. Mais les combinaisons de l'ammoniaque avec l'acide carboni-

longtemps leurs efforts sont restés à peu près stériles [1]. Toutes ou presque toutes les méthodes employées consistaient à faire barboter un volume connu d'air dans un liquide capable de fixer l'alcali, principe excellent; mais elles péchaient par l'insuffisance de ce volume.

M. Schlœsing a fait connaître en 1875 [2] un procédé permettant des déterminations très précises. Ce procédé présente ceci de particulier qu'il comporte l'emploi, en peu de temps, d'énormes volumes gazeux, emploi rendu nécessaire par l'extrême rareté de la substance à doser, tout en admettant une grande exactitude dans les diverses mesures et dans les dosages.

Le barboteur, de forme spéciale, à travers lequel est aspiré l'air et où est arrêtée l'ammoniaque par de l'eau acidulée, laisse passer $1^{lit},5$ de gaz par seconde, soit 5400 litres à l'heure. Une expérience durant 12 heures, porte sur 60 ou 70 mètres cubes d'air. L'aspiration de

---

que sont toutes des substances douées de tension. Dans les divers phénomènes que nous étudierons, elles se comportent, ainsi que l'ammoniaque, à la manière des gaz.

(1) Seul, M. G. Ville avaient donné des chiffres exacts.

(2) *Comptes rendus de l'Académie des Sciences*, t. LXXX.

l'air à travers le barboteur est produite par un jet de vapeur, s'échappant d'une petite chaudière sous pression constante, au moyen d'un appareil analogue au giffard.

On mesure l'air aspiré en déterminant, pendant un certain temps à chaque expérience, le rapport existant entre le volume d'air et le poids de vapeur qui sortent en mélange du giffard et multipliant par ce rapport le poids de l'eau évaporée dans la chaudière pendant toute l'expérience.

L'ammoniaque est finalement dosée dans le liquide du barboteur avec une approximation de $\frac{1}{100}$ de milligramme.

Pour vérifier l'exactitude du procédé, on opère sur de l'air absolument dépouillé de toute ammoniaque, dans lequel on introduit une proportion d'alcali parfaitement connue et du même ordre de petitesse que celle qu'on trouve dans l'atmosphère. Le mélange traverse le barboteur. La quantité d'ammoniaque retenue est comparée à celle qui a été introduite dans le courant. Dans toutes les expériences de vérification ainsi faites, le barboteur a retenu les $\frac{10}{11}$ de l'ammoniaque qui lui avait été offerte.

Voici les principaux résultats de dosages poursuivis sans interruption de juin 1875 à juillet

1876 comme il vient d'être indiqué. Les poids d'ammoniaque sont exprimés ci-après en milligrammes et rapportés à 100 mètres cubes d'air; ils n'ont point subi la correction qui consisterait, d'après ce qui précède, à les multiplier par $\frac{11}{10}$:

Moyenne générale pour l'année entière. . . .		2,25
Moyenne pour l'année entière . .	jour (6h matin — 6h soir) .	1,93
	nuit (6h soir — 6h matin) .	2,57

MOYENNES PAR MOIS

Division du temps	Juin 1875	Juillet	Août	Septembre	Octobre	Novembre	Décembre	Janvier 1876	Février	Mars	Avril	Mai	Juin
Jour.	1,55	1,52	2,33	2,52	2,06	1,24	2,08	2,34	2,02	1,64	1,97	1,56	1,85
Nuit.	2,49	2,86	3,75	4,13	2,44	1,38	2,08	2,58	1,95	1,72	2,68	2,10	2,91

MOYENNES POUR LES QUATRE VENTS

Division du temps	Région S-O	Région O-N	Région N-E	Région E-S
Jour . .	2,10	1,44	1.67	2,92
Nuit . .	2,66	1,99	2,58	4,08

MOYENNES POUR DIVERS ÉTATS DE L'ATMOSPHÈRE

Moyenne des jours	pluvieux		1,73
	sans pluie		1,93
Moyennes pour les temps	couverts.	jour.	1,56
		nuit.	1,98
	découverts	jour.	1,73
		nuit.	3,21

Ces observations ont été faites à Paris, au quai d'Orsay. Elles ne doivent pas être entachées d'une erreur importante provenant du voisinage d'une nombreuse population ; car la moyenne correspondant aux vents N-E, qui avaient traversé presque entièrement la ville avant d'arriver à la station, a été trouvée inférieure à la moyenne correspondant aux vents S-O, lesquels arrivaient plus directement de la campagne. D'ailleurs, des dosages effectués en plein champ ont donné des résultats du même ordre.

La pluie, on le voit par les chiffres ci-dessus, n'enlève à l'atmosphère qu'une faible proportion de son ammoniaque, contrairement à une opinion trop répandue. Il arrive même qu'elle peut lui en céder, ainsi que l'a montré M. Schlœsing dans des recherches que nous n'avons pas à exposer(1).

(1) *Comptes rendus de l'Académie des Sciences*, t. LXXXI et LXXX, 1875 et 1876.

MM. Müntz et Aubin ont exécuté des dosages, par le procédé dont il vient d'être question, au Pic du Midi (2880^{m}). Ils sont arrivés au chiffre moyen de $1^{mg},35$ d'ammoniaque dans 100 mètres cubes d'air (1). Leurs expériences, sans fixer une moyenne très rigoureuse parce qu'elles ont été peu nombreuses, conduisent tout au moins à penser que l'ammoniaque existe dans l'atmosphère, comme l'acide carbonique, à toute altitude.

26. Ammoniaque des eaux météoriques. — Nous nous contenterons de donner quelques résultats obtenus par divers observateurs des plus autorisés. Les chiffres ci-après représentent des milligrammes et sont rapportés à 1 litre d'eau :

RÉSULTATS DE BINEAU, A LYON

Années	Janvier	Février	Mars	Avril	Mai	Juin	Juillet	Août	Septembre	Octobre	Novembre	Décembre
1852	28	20	24	10	7	//	//	2,2	3,4	4,8	4,0	13
1853	7	20	14	15	10	4,3	2,8	4,2	3,5	3,5	6,6	6,15

Apport d'ammoniaque par les pluies pour l'année entière et pour un hectare

Année 1852	$32^{kg},5$
// 1853	43, 5

(1) *Comptes rendus de l'Académie des Sciences*, 2e semestre 1882.

RÉSULTATS DE BOUSSINGAULT, AU LIEBFRAUENBERG

Mai à octobre 1853.	— Moyenne de 47 dosages sur eaux de pluie comprenant rosées et brouillards . .	0,52
//	Maximum.	4,03
//	Minimum.	0,11
//	Rosées seules	6
//	Brouillards seuls	de 2 à 8
Brouillards exceptionnels	Liebfrauenberg, novemb. 1853 .	50
	Paris, janvier 1854.	138
Variation du titre ammoniacal suivant la hauteur d'eau tombée	pluie de 0 à 0^{mm},5 . . .	2,94
	// 0,5 à 1	1,37
	// 1 à 5	0,70
	// 5 à 10	0,48
	// 10 à 15	0,43
	// 15 à 20	0,36
	// 20 à 30	0,41
Apport d'ammoniaque par les pluies pour l'année entière et pour un hectare . 3^{kg},50		

RÉSULTATS DE MM. LAWES ET GILBERT, A ROTHAMSTED

Années	Janvier	Février	Mars	Avril	Mai	Juin	Juillet	Août	Septembre	Octobre	Novembre	Décembre
1853	//	//	1,44	0,81	1,34	1,27	0,94	0,84	0,73	0,69	0,80	1,61
1854	0,88	0,95	0,95	0,97	0,47	//	//	//	//	//	//	//
Moyenne. 0,97												

RÉSULTATS DE MM. MUNTZ ET AUBIN
AU PIC DU MIDI

Moyenne de 13 pluies	0,08 — 0,34
" 7 neiges	0,06 — 0,14
" 5 brouillards	0,19 — 0,64

On voit combien est variable la quantité d'ammoniaque apportée aux sols par les eaux météoriques. Lorsqu'elle se réduit à quelques kilogrammes par an et par hectare, elle n'intervient que bien faiblement dans la végétation.

27. Circulation de l'ammoniaque à la surface du globe. — Pour expliquer que l'ammoniaque persiste au sein de l'atmosphère en dépit de la consommation qui s'en fait, sur les continents [1], M. Schlœsing a émis l'idée que la mer en était une source permanente.

La mer renferme environ 0mg,4 d'ammoniaque par litre. A ce taux, son approvisionnement est infiniment supérieur à celui de l'atmosphère. En vertu de sa tension, l'ammoniaque marine peut passer dans l'air et en réparer les pertes.

Mais quelle est l'origine de l'ammoniaque dans les mers ? M. Schlœsing l'attribue à la décom-

(1) Consommation provenant, pour M. Schlœsing, de de l'absorption par les plantes et les sols.

position des nitrates qu'y apportent les fleuves en quantité considérable.

Ainsi l'ammoniaque de l'air parcourrait le cycle suivant : absorption par les végétaux (directement ou après fixation par le sol), transformation en matière protéique, destruction et, pour la majeure partie, nitrification de cette matière après la mort des végétaux, transport des nitrates aux mers par les fleuves, retour à la forme d'ammoniaque au sein des eaux marines et restitution de cette ammoniaque à l'atmosphère.

Quoi qu'il en soit de cette conception, il est incontestable que la mer renferme une quantité considérable d'ammoniaque qui ne peut manquer d'intervenir dans la proportion qui s'en trouve au sein de l'atmosphère.

Nous arrivons ainsi à cette conclusion, qui n'est pas sans intérêt pour la statique chimique des êtres vivants que la mer est le réservoir commun de l'eau, de l'acide carbonique et de l'ammoniaque circulant à la surface du globe.

CHAPITRE V

—

GAZ DIVERS CONTENUS DANS L'ATMOSPHÈRE

28. Une étude complète de l'atmosphère comporterait encore la recherche de quelques gaz. Ainsi, il y a dans l'air de l'ozone. D'après de nombreuses observations faites à l'observation de Montsouris, ce gaz se rencontre en proportions très variables ; en moyenne, il y en a 1 milligramme environ dans 100 mètres cubes d'air ; l'air de la campagne en contient presque toujours des quantités appréciables ; l'air des villes en est à peu près exempt.

M. Müntz [1] a signalé la présence dans l'atmos-

---

[1] *Comptes rendus de l'Académie des Sciences*, t. XCII

phère de la vapeur d'alcool. Ce corps se constaterait, d'après lui, par précipitation à l'état d'iodoforme, soit dans les liquides provenant de la distillation de la terre végétale avec de l'eau, soit dans la pluie et l'eau de fusion de la neige. Il existerait donc en vapeur dans l'atmosphère.

MM. Müntz et Aubin [1] ont encore trouvé dans l'air normal de petites quantités de gaz carbonés combustibles; en faisant passer sur de l'oxyde de cuivre chauffé au rouge de l'air entièrement privé d'acide carbonique, ils ont produit de l'air contenant, en volume, de 3 à 10 millioniêmes de cet acide à Paris et de 2 à 4, 7 millioniêmes à la campagne. Suivant eux, les gaz carbonés ne risqueraient pas de s'accumuler dans l'atmosphère ; ils seraient peu à peu brûlés par l'étincelle électrique.

Le rôle que peuvent jouer dans les phénomènes de la végétation les différents gaz qui viennent d'être cités, étant jusqu'ici complètement inconnu, nous ne nous arrêterons pas davantage sur ce sujet.

A côté des gaz qui la constituent, il faut noter dans l'atmosphère la présence de poussières solides, minérales et organiques. Les premières ont

---

[1] *Comptes rendus de l'Académie des Sciences*, t. XCIX.

peu d'importance; en tombant sur le sol, elles ne lui apportent que des quantités de matières généralement négligeables, ne pouvant guère intervenir dans la végétation. Tout autre est l'intérêt qui s'attache à l'étude des poussières organiques ; parmi elles figurent les pollens, les microbes bienfaisants ou nuisibles. Ces seuls mots éveillent l'idée de toute une série de phénomènes essentiels en agriculture. L'examen de ces phénomènes ne nous appartient pas. Mais nous ne pouvions manquer de rappeler qu'en dehors des aliments qu'elle leur fournit, l'atmosphère est, pour les végétaux, la source d'autres principes intéressant d'une manière capitale leur existence, principes de vie ou de destruction qu'elle charrie en abondance et disperse en tout lieu.

TROISIÈME PARTIE

—

ETUDE DES SOLS AGRICOLES

—

29. Le sol est le support des plantes et le magasin d'une partie de leurs aliments. C'est par lui principalement que le cultivateur peut agir sur la végétation, soit en lui donnant des façons, soit en y introduisant des engrais. L'autre milieu où les plantes puisent leur nourriture, l'atmosphère, nous échappe absolument. Mais le sol demeure entre nos mains ; il peut être soumis à l'expérimentation, enrichi, amendé, transformé peu à peu. On voit qu'il mérite une étude des plus attentives.

Nous examinerons successivement la formation des sols agricoles, leur constitution, leurs propriétés physiques et enfin les phénomènes chimiques qui s'y accomplissent.

Il importe de définir dès maintenant ce qu'on entend par sol proprement dit, sous-sol et couche arable. Le sol est la couche superficielle d'un terrain, sensiblement homogène dans sa formation. Le sous-sol vient immédiatement au-dessous ; il diffère du sol par sa formation le plus souvent et par son état physique. Il faut d'ordinaire distinguer dans le sol lui-même deux couches : l'une pénétrée par la charrue et les engrais, d'une couleur plus foncée et particulièrement exploitée par la végétation, est dite « couche arable » ou « sol actif » ; l'autre est le « sol inactif. » Cette distinction n'a, d'ailleurs, rien d'absolu ; car bien des plantes et tous les arbres enfoncent leurs racines dans le sol dit inactif et y puisent des aliments.

CHAPITRE PREMIER

—

FORMATION DES SOLS AGRICOLES

30. Destruction progressive des roches. — Sous l'influence de plusieurs causes naturelles, les roches ont subi et subissent encore une destruction progressive. Ce sont leurs débris qui constituent les éléments minéraux des terrains agricoles.

Parmi ces causes de destruction les unes sont purement physiques ; ainsi l'eau, grâce aux alternatives de gelée et de dégel, désagrège les roches plus ou moins poreuses dans lesquelles elle s'infiltre ; les frottements qu'éprouvent les minéraux entraînés par les torrents et les fleuves produisent des effets analogues.

Les autres sont des causes chimiques. L'acide

carbonique et l'oxygène de l'air, aidés de l'eau, s'attaquent à la plupart des roches. Les roches silicatées perdent leurs bases, potasse, soude, chaux, magnésie, donnant des carbonates et de la silice soluble, qui sont éliminés par les eaux; mais le silicate d'alumine qu'elles renferment, demeure intact et, en s'hydratant, forme l'argile ; quant à leur oxyde de fer, il reste avec l'alumine. Le granit subit une altération semblable ; des trois minéraux cristallisés qui le composent, quartz, feldspath et mica, le premier seul n'est pas attaqué ; les deux autres perdent leur état cristallin, deviennent terreux, friables et se transforment en argile kaolinique ; il y a des granits qui résistent bien aux agents atmosphériques, témoins ceux dont sont formés certains monuments qui remontent à une haute antiquité et qui sont néanmoins parfaitement conservés. Les schistes, en raison de leur structure, se détruisent et se délitent avec beaucoup de facilité. Les pierres calcaires offrent peut-être plus de résistance; cependant en présence de l'acide carbonique, elles se dissolvent dans l'eau lentement; de plus, les causes mécaniques de destruction ont sur elles beaucoup d'effet.

31. Terrains de transport. — Ainsi se sont formés les débris minéraux qui entrent dans les sols. Quand la disposition des lieux s'y est prêtée, ces débris sont demeurés là où ils ont pris naissance. Ils ont constitué alors des terrains dont la composition rappelle celle des roches situées au-dessous d'eux. Mais très souvent, ils ont été entraînés par les eaux, abandonnant seulement sur place les plus gros d'entre eux. Déposés en des lieux divers, ils ont formé des terrains dits de transport, qui n'ont rien de commun, quant à la composition chimique, avec les roches sous-jacentes.

32. Alluvions. — Les alluvions, ou dépôts abandonnés par les rivières et les fleuves, sont encore des terrains de transport. Elles se forment dans des circonstances variées. Tantôt les cours d'eau les laissent le long de leurs rives, tantôt ils les mènent jusqu'à leur embouchure. Suivant les régions auxquelles elles sont empruntées, les alluvions sont graveleuses ou limoneuses ; dans ce dernier cas, elles peuvent constituer des terrains agricoles extrêmement riches. On connaît assez les vertus fertilisantes des limons du Nil. Les alluvions limoneuses sont les éléments les plus fins des terrains traversés par les fleuves qui les déposent ; ces éléments sont aussi ceux qui renferment le plus de principes nutritifs, particulièrement de potasse et de phosphates.

Une grande partie des limons reste en suspension dans les eaux courantes, est emportée à la mer et dès lors ravie à la culture. La quantité de matières fertilisantes ainsi perdues est considérable. L'opération du colmatage permet de tirer parti de ces limons que les fleuves ne déposent pas spontanément sur leurs rives.

Arrivés à la mer, les limons des fleuves sont précipités, parce qu'ils entrent dans un milieu qui, malgré l'agitation superficielle, est tranquille, et aussi parce qu'ils sont coagulés par les sels qu'ils rencontrent, en vertu d'une propriété dont il sera bientôt question. Telle est l'origine de nombreux atterrissements, dont la disposition est très variable, et en particulier des deltas. Ceux-ci ne se produisent sur les côtes que si la marée y est peu considérable. Autrement les apports des fleuves disparaissent à mesure qu'ils se déposent. Quelquefois la mer rejette sur le rivage les alluvions qu'elle reçoit. C'est ainsi qu'ont été formés les polders de la Hollande, terres qui, comme certains deltas, sont d'une grande fertilité. Enfin il y a des cas où la mer, aidée par les vents, accumule sur les côtes ses propres sables ; elle produit alors ce qu'on nomme des dunes. Ces terrains sont susceptibles de se déplacer ; ils sont naturellement stériles ;

mais l'art de l'ingénieur parvient à les fixer, et l'art agricole les rend aptes à la culture.

33. Matière organique des sols. — On voit, par ce qui vient d'être dit de la destruction des roches, comment s'est formée la partie minérale des sols agricoles. Mais ces sols renferment encore, comme chacun le sait déjà et comme nous allons bientôt le reconnaître, de la matière organique. Quelle est l'origine de cette matière? Elle consiste en débris de végétaux dans un état plus ou moins avancé de décomposition ; elle provient sur chaque sol des végétaux qu'il a antérieurement portés. Mais d'où ces végétaux, qui l'ont formée, en ont-ils tiré les éléments? L'étude de l'alimentation des plantes apprend que trois de ces éléments, carbone, hydrogène et oxygène, sont empruntés à l'atmosphère qui les fournit sous forme d'acide carbonique et d'eau ; quant au quatrième, l'azote, il provient partie de l'atmosphère où il existe à l'état d'azote libre, d'acide nitrique, d'acide nitreux, d'ammoniaque, partie de la matière organique des sols une fois nitrifiée ; et, comme cette matière a la même origine que celle des végétaux, en dernière analyse toute matière organique s'est constituée, par la synthèse végétale, aux dépens de l'atmosphère.

Les premiers végétaux, ne trouvant dans les sols aucune matière organique, ont nécessairement puisé directement dans l'atmosphère tout leur azote. La végétation se développant, la matière organique des sols s'est formée.

La constitution de matière organique dans les sols qui en sont dépourvus, est, d'ailleurs, un phénomène qui s'accomplit de nos jours. On le voit se produire en des terrains sableux et stériles qu'une végétation spontanée envahit peu à peu. Mais il est toujours assez lent, car le développement des plantes sur des sols privés de matière organique est restreint.

CHAPITRE II

CONSTITUTION DES SOLS AGRICOLES

34. Distinction de divers éléments du sol. — Si l'on délaye un peu de terre végétale dans l'eau, puis qu'on laisse reposer, une partie des éléments se précipite en quelques instants; c'est le *sable*. Qu'on décante ensuite le liquide et qu'on verse un acide sur le résidu solide. Très souvent on observera un dégagement de gaz plus ou moins abondant; ce gaz est de l'acide carbonique; il atteste la présence du carbonate de chaux ou *calcaire*. Jetons sur un filtre ce qui a résisté à l'action de l'acide et lavons le complètement à l'eau distillée; puis délayons le dans un grand volume d'eau distillée et laissons reposer un ou deux jours. Il restera en suspension une matière, qui, isolée du liquide, durcit en séchant et devient plastique en prenant de l'eau, qui présente, en un mot, tous les caractères physiques de l'*argile* et qu'on désigne sous ce nom. Enfin si l'on chauffe de la terre en vase clos, elle noircit ou brunit tout au moins ; c'est le signe qu'elle renferme de la *matière organique* que la chaleur a carbonisée. Les quatre sortes d'éléments que nous venons de reconnaître, se rencontrent dans les sols en proportions extrêmement variables ; l'argile et le calcaire peuvent même y manquer. Nous allons faire de chacun de ces éléments une étude spéciale.

ARGILE (1)

35. Propriétés, origine. — L'argile des géologues est une roche tendre, délayable dans l'eau et formant avec elle une pâte plus ou moins liante, qui, en se desséchant, prend de la dureté, se contracte et se fendille. Elle est avide

(1) SCHLŒSING. — Etudes sur la terre végétale, *Annales de chimie et de physique*, 5e série, t. II, p. 514, 1876.

d'eau et happe à la langue. A l'état de pureté, elle est blanche; le plus souvent, elle renferme des oxydes métalliques qui lui donnent des couleurs variées. Elle est grasse ou maigre, suivant qu'elle contient peu ou beaucoup de sable. Son eau de constitution peut varier entre 8 et 25 %.

L'argile provient, comme nous l'avons vu, de la décomposition de roches silicatées, qui ont été détruites par les agents atmosphériques, humidité, oxygène, acide carbonique, et dont les bases alcalines et terreuses, transformées en carbonates, ont été éliminées par les eaux, en même temps qu'une partie de la silice, rendue libre et soluble. Elle consiste en silicate d'alumine hydraté, accompagné généralement d'une notable proportion d'oxyde de fer et de petites quantités d'autres substances, alcalis et terres, qui sont comme des témoins de son origine.

Telles sont aussi les propriétés et la provenance de l'argile qu'on trouve dans les sols agricoles. Pour la séparer des éléments qui l'accompagnent, on s'est longtemps contenté de recourir à une simple lévigation. M. Schlœsing a montré qu'on ne pouvait ainsi obtenir une séparation suffisante. En étudiant ce sujet, il a été conduit à des notions nouvelles que nous allons résumer.

36. Phénomènes de coagulation. — Les matières limoneuses que renferme la terre végétale, restent indéfiniment en suspension dans l'eau *distillée*; mais dans de l'eau additionnée de certains sels, même à très petite dose, ces matières, se coagulent et se précipitent rapidement. La faible quantité de sels calcaires contenus le plus souvent dans l'eau ordinaire suffit pour produire la précipitation. Ces faits peuvent se constater au moyen d'expériences extrêmement simples. On lave de la terre sur un filtre jusqu'à ce qu'elle soit débarrassée des sels calcaires qu'elle contient, ou mieux, on commence par la traiter à l'acide chlorhydrique, et on la lave parfaitement. On la délaye ensuite dans un grand volume d'eau distillée, on agite le mélange et on abandonne au repos. Les plus gros éléments se déposent les premiers; après eux, il s'en déposera d'autres plus menus, et cela pendant assez longtemps, mais le liquide restera toujours limoneux. Si l'on sépare ce liquide trouble par décantation, qu'on y verse une petite quantité d'un sel calcaire et qu'on agite, on verra se former des flocons qui tomberont vite au fond du vase, et le liquide sera bientôt clarifié.

Un cinq-millième de chaux, libre ou engagée dans un sel, précipite les limons immédiatement; un dix-millième, en quelques jours ; la dose d'un vingt-millième paraît inefficace. Ces chiffres n'ont d'ailleurs rien d'absolu, car ils varient avec les différents limons. Les sels de magnésie ont une action presque égale à celle des sels calcaires; ceux de potasse produisent les mêmes effets sous des doses environ cinq fois plus fortes, ceux de soude sont moins actifs. Les acides minéraux produisent aussi la coagulation.

Toutes les argiles naturelles fournissent des résultats semblables à ceux des limons des terres végétales.

Un limon, ou une argile, peut être successivement précipité par l'un des réactifs qu'on vient de voir, puis débarrassé de l'agent coagulateur par un lavage suffisamment prolongé, et ensuite remis en suspension. Il peut prendre, autant de fois qu'on voudra, l'état de matière, non pas dissoute, mais plutôt diffusée dans l'eau pure et l'état de coagulation, sans perdre la faculté de passer encore par ces alternatives. Il semble donc qu'on soit ici en présence d'une propriété purement physique des limons et des argiles.

On déduit des simples observations qui précèdent, l'explication de phénomènes naturels fort importants.

37. Maintien de l'ameublissement des sols. — Un des effets des labours est de diviser le sol en particules qui laissent entre elles des interstices où l'air, l'eau et les racines pénètrent sans difficulté. Pour qu'un tel état de division, si profitable à la végétation, puisse s'obtenir et persister, il est nécessaire que les éléments sableux de la terre soient agrégés par des substances jouant le rôle de ciment. L'argile est une de ces substances. Mais elle n'est capable de réunir entre eux des grains solides que si elle est coagulée. Ce sont les sels calcaires qui la maintiennent, dans les sols, en état de coagulation ; sans eux elle se diffuserait dans l'eau, et les particules ne subsisteraient pas. L'expérience en donne la preuve. Qu'on arrose deux lots d'une même terre, l'un avec de l'eau ordinaire, l'autre avec de l'eau distillée ; on verra dans le premier les particules de terre demeurer bien agrégées ; dans le second, au contraire, si le lavage est suffisant pour éliminer les sels que l'eau dissout tout d'abord, les particules s'écroulent et forment une pâte imperméable, qui intercepte le passage du liquide. Notons, d'ailleurs, que toutes les terres ne se prêteraient pas à l'expérience qui précède, parce qu'il en est dans lesquelles ce n'est point l'argile seule qui sert de ciment, mais une autre substance très différente que nous apprendrons à connaître.

Ainsi les dissolutions calcaires du sol donnent une certaine permanence aux effets mécaniques du labour. Cette permanence n'est pas indéfinie puisqu'il faut chaque année soumettre plusieurs fois la terre à de nouveaux labours.

38. Influence de la coagulation des limons sur le degré de limpidité des eaux naturelles. — Suivant la nature des sols traversés par les eaux de pluie dont elles proviennent, les eaux de drainage et de source sont limpides ou troubles, limpides si les sols leur ont abandonné assez de sels calcaires pour coaguler les limons, troubles dans le cas contraire. On conçoit qu'une fois coagulés, c'est-à-dire agglomérés en petites masses floconneuses, les limons soient retenus par le sol comme par un filtre ; mais, non coagulés, ils demeurent en suspension dans l'eau et passent à travers les sols sans s'y arrêter.

Certains fleuves, la Loire, la Garonne, sont habituellement limoneux ; l'analyse montre que leurs eaux sont pauvres en sels calcaires.

Il y a des sources, ordinairement limpides, qui donnent des eaux troubles à la suite de pluies persistantes ; c'est que, trop abondantes, ces eaux ne se sont pas chargées dans leur passage à travers le sol d'une quantité suffisante de sels calcaires. Les rivières sont dans le même cas au moment des crues ; elles reçoivent alors une très grande proportion d'eaux superficielles qui ont coulé rapidement sur le sol en y ramassant des limons, sans avoir le temps de dissoudre assez de sels pour les coaguler.

Les cours d'eau sortant des glaciers sont dépourvus de sels calcaires et par conséquent troubles.

Les ingénieurs chargés de pourvoir les villes d'eaux potables doivent rechercher des eaux contenant au moins 70 ou 80 milligrammes de chaux par litre pour qu'elles puissent être clarifiées dans des bassins de dépôt. Si la teneur en chaux descend au-dessous de 60 milligrammes, la clarification ne se fait pas.

39. Constitution des argiles. -- On débarrasse complètement une argile des carbonates terreux qu'elle renferme, en la traitant par un acide étendu et la lavant à l'eau distillée ; on la met ensuite en suspension dans de l'eau distillée additionnée d'une petite quantité d'ammoniaque (l'ammoniaque favorise la diffusion de l'argile), et on abandonne le liquide au repos. Des éléments sableux, grossiers d'abord, puis de plus en plus ténus, se déposent. Au bout de plusieurs semaines ou même de plusieurs mois, on ne voit plus se produire aucun dépôt, et si l'on examine le liquide au microscope, on n'y découvre point d'éléments figurés. Séparé par décantation et séché, le dépôt se montre composé d'éléments ne présentant entre eux qu'une cohésion insignifiante relativement à celle de l'argile primitive supposée sèche. Le liquide décanté est opalescent. Si l'on y verse un peu d'un sel terreux ou d'un acide et qu'on l'agite, il se remplit de flocons qui se précipitent rapidement. On recueille le précipité, on le lave sur un filtre et on le dessèche ; on obtient une substance dure et d'apparence cornée, à laquelle l'analyse assigne la composition d'un silicate d'alumine hydraté. Ainsi on a séparé l'argile en éléments sableux, n'ayant pas entre eux de cohésion, et en une substance qui durcit fortement par dessiccation, qui sert de ciment pour ces éléments et qui, en raison de ses propriétés, a été appelée argile *colloïdale.* Après cette sorte d'analyse de l'argile, on peut en faire la synthèse ; il suffit de mettre en suspension dans de l'eau les deux matières précédemment séparées, sable et argile, prise avant coagulation, d'agiter pour obtenir un mélange homogène et de précipiter le tout en ajoutant un peu d'acide nitrique, par exemple ; le dépôt, qui ne tarde pas à se former, reproduit identiquement l'argile d'où l'on est parti.

Les argiles sont d'autant plus plastiques, d'autant plus grasses, qu'elles renferment plus d'argile colloïdale ; mais la proportion de cette substance est toujours très faible ; elle dépasse rarement 1,5 °/₀ ; le taux de 0,5 correspond à un argile maigre.

On peut analyser l'argile plus complètement que nous l'avons dit. On la laisse lontemps en suspension dans l'eau distillée. Il se forme alors, en général, dans le liquide, des couches horizontales nettement tranchées et de teintes variées, qui se déposent et peuvent se recueillir séparément. L'analyse leur assigne des compositions différentes correspondant chacune à une espèce minérale déterminée. Les kaolins fournissent ordinairement une matière homogène ayant pour formule : $Al^2O^3 . 2SiO^2 . 2H^2O$. Quand les dernières parties solides se sont déposées, le liquide ne contient plus que de l'argile colloïdale ; il demeure opalin et garde infiniment cet aspect.

II. MATIÈRE ORGANIQUE

40. Composition, utilité. — La matière organique contenue dans les sols, qu'on désigne fréquemment sous le nom de *terreau* ou d'*humus*, est formée par les détritus des végétaux. Ces détritus se présentent à tous les degrés de décomposition, depuis l'état de feuille, bois ou racine, jusqu'à celui de substance complètement consommée, réduite en parcelles d'une extrême petitesse et intimement incorporée aux sols. On ne connaît pas la série des produits qui prennent naissance au cours de la décomposition. On sait seulement que la matière végétale perd peu à peu une certaine quantité de carbone à l'état d'acide carbonique et une quantité plus grande d'oxygène et d'hydrogène, de sorte qu'en réalité son taux de carbone s'élève ; on sait aussi qu'il se produit soit des nitrates, soit de l'ammoniaque par la décomposition de la matière azotée, et des corps bruns, légèrement acides, désignés sous le nom d'acide humique, auxquels la matière doit sa coloration de plus en plus foncée. En résumé, la composition de l'humus est très complexe et incessamment variable, et, dans l'état de nos connaissances, ne peut être nettement définie. Les travaux dont elle est actuellement l'objet, la feront sans doute mieux connaître. [1]

Dans ses importantes recherches sur la terre noire de Russie, M. L. Grandeau a montré que la matière organique des sols était douée d'une très grande affinité pour certaines substances minérales, parmi lesquelles figurent de précieux principes fertilisants (potasse, acide phosphorique). L'action de l'acide chlorhydrique étendu ne triomphe pas de cette affinité. Après traitement par cet acide, la matière organique retient encore de la potasse, de l'acide phosphorique, de la chaux, etc. Mais elle s'en sépare par la dialyse. Par l'emploi de ce moyen d'analyse, M. Grandeau a prouvé que l'acide phosphorique existait dans la matière organique à l'état de phosphates.

Les principaux agents destructeurs des débris végétaux, de la décomposition desquels résulte la matière organique des sols, sont l'oxygène et l'humidité ; mais le plus souvent ils ne jouent leur rôle que par l'intermédiaire de petits êtres organisés. Ces êtres, contrepoids nécessaires des

---

(1) Berthelot et André. — *Comptes rendus de l'Académie des Sciences*, avril et juin 1891.

êtres plus grands qui organisent la matière minérale, exercent ici leur fonction la plus ordinaire en travaillant à la désorganisation de la substance végétale et à la restitution des principes empruntés par les plantes à l'air et au sol.

Il faut encore compter parmi les destructeurs de la matière organique les insectes et surtout les vers de terre. M. Müller a insisté sur la part que ces êtres prennent, dans les sols de forêts et dans les landes, à la division des grands débris végétaux et à leur dispersion au sein du sol [1]. Darwin avait déjà signalé des faits du même ordre.

Au sein de l'eau, l'oxygène faisant défaut, la décomposition ne s'opère plus qu'avec une extrême lenteur ; elle donne alors comme résidu ce qu'on appelle la *tourbe*. Les substances salines en sont éliminées presque complètement ; les phosphates eux-mêmes y disparaissent à peu près par l'action prolongée de l'eau. On comprend que la matière organique de la tourbe puisse résister si longtemps à la destruction ; car elle est à la fois acide et privée du contact de l'oxy-

---

(1) *Annales de la Science Agronomique française et étrangère*, t. I, 1er fascicule, 1889.

gène ; dans un tel milieu, en général, les microbes ne travaillent guère. L'agriculture peut tirer bon parti des tourbes. Enfouies dans le sol, elles y deviennent une source d'acide carbonique, et, si l'on ajoute de la chaux, de nitrates.

En l'absence de bases, l'humus reste acide. On le trouve à cet état dans la terre de bruyère et dans certaines terres de forêt qui ne contiennent pas de calcaire. Malgré leur richesse en matière organique, ces terres sont impropres à la nitrification ; les chaulages et marnages les corrigent de ce défaut.

Le rôle de la matière organique dans les sols est des plus importants. Au point de vue chimique, elle est la source principale des nitrates, aliment essentiel des végétaux ; par l'acide carbonique qu'elle fournit, elle contribue à la dissolution et par suite au transport du carbonate de chaux, ainsi qu'à l'attaque lente des débris de diverses roches ; elle retient, ainsi que nous le verrons, plusieurs principes fertilisants qui, sans elle, seraient emportés par les eaux souterraines. Au point de vue physique, elle exerce une influence très marquée sur la terre végétale, soit par elle-même en cimentant les éléments sableux, soit indirectement en modifiant les propriétés de l'argile ; dans ces deux cas, elle peut concourir efficacement à l'ameublissement du sol, ainsi qu'on va le montrer.

41. Influence de la matière organique sur l'ameublissement du sol. — Il est nécessaire, nous l'avons vu (§ **37**), pour que la terre ameublie conserve la division en particules, que ses éléments sableux soient agrégés par des substances remplissant les fonctions de ciment. L'argile est une telle substance. Mais l'expérience démontre qu'un mélange d'argile et d'éléments sableux, amené à l'état particulaire, ne peut guère rester dans cet état, quand il est soumis à un arrosage modéré, que si la proportion de l'argile, dépasse 10 $^{0}/_{0}$. Or, il y a des terres, celles de forêt par exemple, qui, au point de vue qui nous occupe, résistent convenablement à l'eau, et qui pourtant ne renferment que des traces d'argile. Il faut donc qu'une substance autre que l'argile y joue le rôle de ciment. Ce rôle est dévolu à la matière organique, à l'acide humique libre ou combiné.

L'acide humique, de couleur brune, de composition mal définie, est un acide faible ; on l'appelle aussi matière noire. Le terreau et le fumier en contiennent de grandes quantités. Il forme avec les alcalis, potasse, soude, ammoniaque, des composés solubles et avec la chaux, l'oxyde de fer, l'alumine, des composés insolubles. On peut facilement l'extraire du terreau. On traite la matière à l'acide chlorhydrique étendu et on la lave à l'eau distillée après l'avoir placée sur une toile recouverte d'un papier à filtre. On l'introduit ensuite dans un flacon, on l'agite avec une solution étendue d'ammoniaque, et on laisse reposer. Il se forme un dépôt composé de matières sableuses et de débris organiques non attaqués. La liqueur limpide surnageante est fortement colorée en brun ; elle consiste en une solution étendue d'humate d'ammoniaque. Elle est décantée et additionnée d'acide chlorhydrique. L'acide humique se précipite sous la forme de flocons bruns, qu'on lave à l'eau distillée. En substituant à l'ammoniaque la potasse ou la soude, on obtient l'humate de potasse ou de soude comme on a eu celui d'ammoniaque. Pour préparer ceux de chaux, de fer, d'alumine, on neutralise l'humate d'ammoniaque en y versant de l'acide chlorhydrique jusqu'à l'apparition d'un léger précipité brun, puis on y ajoute une solution de sels de chaux, de fer, d'alumine ; les humates insolubles prennent naissance sous forme de précipités floconneux, qu'on sépare par filtration et qu'on lave.

Lorsque l'humate de chaux est abandonné à

la dessiccation spontanée, il durcit, se fendille et présente les cassures conchoïdales propres aux colloïdes. Mais si l'on suspend l'évaporation au moment convenable, on obtient une pâte avec laquelle il est aisé de constater d'importantes propriétés de la substance. Une proportion de 1 °/₀ d'acide humique mêlé intimement à du sable ou du calcaire suffit pour donner au mélange une cohésion remarquable. Ce mélange, supposé émietté, résiste à l'arrosage sans se délayer, au moins aussi bien que si l'acide humique était remplacé par 11 °/₀ d'une argile éminemment plastique (argile de Vanves). Ainsi s'explique le vieil adage des cultivateurs : « Le terreau donne du corps aux terres trop légères. »

Mais il y a plus. Si l'acide humique ou les humates, ciment organique de la terre végétale, vient suppléer parfois à l'insuffisance de l'argile, ciment minéral, il peut encore, dans d'autres cas, en tempérer les propriétés. Mêlés ensemble, les deux ciments n'ajoutent point leurs effets. Bien au contraire, les humates, lorsqu'ils sont en proportion suffisante, affaiblissent la cohésion de l'argile. Ce qui s'accorde avec cet autre dicton, non moins vrai que le premier : « Le terreau ameublit les terres trop fortes. »

Quand les humates ont été durcies par la dessication, ils ne peuvent plus, comme l'argile redevenir plastiques en présence de l'eau. Mais mélangés avec de l'argile, ils possèdent cette propriété. D'où il résulte que le concours des deux ciments a la meilleure influence sur la terre végétale. Les humates seuls ne suffiraient pas à lui assurer la division en particules. Une terre contenant des humates et privée d'argile pourrait bien conserver après labour l'état particulaire; mais lorsque le piétinement des cultivateurs et des animaux l'aurait réduite en poussière, elle ne s'agglutinerait plus de nouveau sous l'action de l'eau; cette agglutination se reproduit quand les humates sont accompagnés d'argile.

On a vérifié expérimentalement ces diverses observations sur le rôle de la matière organique. On a composé des terres artificielles, en mêlant en proportions variées du sable, du calcaire, de l'argile grasse et de l'humate de chaux ou d'alumine. Ces terres, qu'un praticien aurait certainement confondues avec des terres naturelles, ont présenté sous le rapport de l'agrégation des éléments minéraux tous les caractères qui pouvaient être déduits *a priori* des proportions d'argile ou d'humates (SCHLŒSING).

La matière humique joue dans les sols un rôle, on le voit, considérable et précieux. Il importe de ne pas l'y laisser disparaître. Si, d'une part, elle se renouvelle incessamment par la décomposition des débris végétaux abandonnés par les récoltes, d'autre part, elle se détruit par l'effet des combustions lentes et de la nitrification ; ce qui s'en produit, chaque année, peut être inférieur à ce qui s'en perd. Il y a là un danger qu'il est utile de signaler, danger d'autant plus à craindre qu'on fait plus grand usage d'engrais exclusivement chimiques. Si ces engrais ne sont pas accompagnés d'engrais organiques, ils peuvent, en permettant la disparition de la matière humique, modifier l'état physique du sol au point de lui enlever des qualités de première importance et de diminuer beaucoup sa fertilité.

III. CALCAIRE

42. Provenance, nature. — On trouve dans les sols des débris calcaires en plus ou moins grande proportion. Ces débris proviennent de la destruction des roches calcaires. Tantôt ils sont d'une extrême finesse, comme ceux qui entrent dans la constitution des argiles marneuses, tantôt ils ont des dimensions plus grandes et jouent le rôle physique que nous reconnaîtrons au sable. Ils ne consistent jamais en carbonate de chaux pur ; ils renferment toutes les impuretés des roches originaires : oxyde de fer, argile, etc.

43. Dissolution lente du calcaire. — Le calcaire ne persiste pas indéfiniment dans les sols agricoles. Sous l'influence de l'eau et de l'acide carbonique, il se dissout lentement en passant à l'état de bicarbonate et s'élimine peu à peu. Cette dissolution s'effectue suivant une loi parfaitement déterminée (1), en sorte que, si

(1) Cette loi (Schlœsing, *Comptes rendus de l'Académie des sciences*, t. LXXIV. et LXXV), est très bien représentée par une relation mathématique entre la tension du gaz carbonique et le poids de carbonate de chaux dissous à l'état de bicarbonate, relation d'où l'on déduit les chiffres suivants pour la température de 16° :

Tension de l'acide carbonique en atmosphère	Poids de carbonate de chaux dissous à l'état de bicarbonate dans 1 litre d'eau, en grammes
0,0005	0,061
0,001	0,079
0,005	0,146
0,01	0,190
0,05	0,349
0,1	0,454
0,5	0,834
1,0	1,085

On a fréquemment à faire usage de ces chiffres dans

l'on connaissait bien le volume d'eau qui a traversé un sol dans un temps donné et le taux d'acide carbonique gazeux existant dans ce sol, on pourrait calculer exactement la perte en carbonate de chaux qu'il a subie. Voici un exemple:

Considérons une terre dont l'atmosphère interne renferme en moyenne 1 % de gaz carbonique. Les eaux souterraines qui en sortent contiendront par litre, d'après le tableau de la page précédente, 190 milligrammes de carbonate de chaux dissous à l'état de bicarbonate (sans compter 13 milligrammes dissous à l'état de sel neutre). Admettons qu'il tombe annuellement sur cette terre une hauteur de pluie de 60 centimètres, dont environ un cinquième, soit à l'hectare 1200 mètres cubes, traverse la couche arable. Il y aura, par hectare et par an, 228 kilogrammes de carbonate de chaux emportés par les eaux et ravis à la végétation. Un tel calcul ne peut jamais, faute d'éléments précis, s'effectuer que d'une manière

---

des expériences où le sol intervient, quand on veut savoir soit la quantité de carbonate de chaux dissoute en présence d'une atmosphère d'une teneur connue en acide carbonique, soit la quantité d'acide carbonique enlevée à l'atmosphère considérée et fixée par le carbonate de chaux.

assez grossière. Néanmoins il donne une idée des pertes en carbonate de chaux qu'une terre peut éprouver en dehors du prélèvement des récoltes et rend compte de la nécessité de renouveler les chaulages et marnages. Dans certaines conditions, la totalité du carbonate de chaux a été dissoute et soustraite aux sols. Du calcaire primitif, il n'est plus resté alors que les impuretés. Celles-ci constituent parfois de précieux principes fertilisants.

44. Distinction des sols calcaires et acides. — Quand le calcaire abonde dans un sol, il est facile d'y montrer sa présence ; les acides même étendus, versés sur le sol, y déterminent un dégagement bien visible de gaz carbonique. Mais il en est tout autrement lorsque le calcaire se rencontre en très faible proportion. Les acides ne produisent plus d'effervescence ; en immergeant la terre dans un liquide acide, on n'observe pas la moindre bulle gazeuse, parce que le peu de gaz carbonique qui est mis en liberté se dissout à mesure qu'il prend naissance. Ne possédant pas, dans ce cas, de moyen simple pour reconnaître le calcaire, on s'est bien souvent trompé dans la détermination de cet élément et on l'a trouvé là où il n'existait pas. Jusqu'à ces dernières années, en effet, beaucoup d'expérimentateurs procédaient à cette détermination en traitant le sol par un acide et dosant la chaux dissoute. M. P. de Mondesir a attiré l'attention sur l'erreur grave à laquelle conduit un tel procédé. La chaux trouvée provient non seulement du calcaire, mais aussi d'autres combinaisons, humate et silicate de chaux, attaquées par l'acide. Telle terre peut en fournir une assez forte dose, qui est absolument exempte de calcaire proprement dit.

Il est très intéressant de savoir si un sol contient du calcaire ou s'il en est privé et, dans ce dernier cas, s'il est simplement neutre ou acide. Les récoltes à lui faire porter, les engrais à lui donner, peuvent dépendre de ces diverses conditions. Un sol acide est généralement peu propre à la culture ; la nitrification ne s'y fait pas. Le dosage de la chaux opéré comme ci-dessus n'éclaire pas suffisamment, nous venons de le voir, sur la teneur en calcaire. M. de Mondesir y a substitué un procédé simple et pratique, dont nous ne pouvons indiquer ici que le principe [1]. Pour déterminer le calcaire, il agite la terre, dans un flacon clos et de volume connu,

---

[1] *Annales de la Science agronomique française et étrangère*, 1886, t. II et 1887, t. II).

avec de l'eau et de l'acide tartrique en poudre, et mesure le carbonate de chaux par l'augmentation de pression due au dégagement d'acide carbonique. Quand le dégagement est nul, il y a lieu de se demander si la terre est acide ; et pour le savoir, on l'agite, toujours en vase clos, avec de l'eau et du carbonate de chaux ; on dit qu'elle est acide, quand elle dégage alors de l'acide carbonique, et l'on mesure son acidité par la quantité de gaz produit.

IV. SABLE

45. — En dehors de faibles proportions d'argile colloïdale et de matière organique, le sol ne comprend guère que des éléments sableux. On pourrait dire qu'il consiste presque exclusivement en sable. Mais, pour nous conformer aux usages des agriculteurs, nous réserverons ce nom aux éléments présentant les plus fortes dimensions, à ceux qui se précipitent rapidement quand on délaye de la terre dans un grand volume d'eau.

Le sable ainsi défini joue dans le sol un rôle physique très important. Il sépare les éléments fins ; en s'interposant entre eux, il les empêche de former une masse continue. Qu'on prenne un peu d'une terre très fine, exempte d'éléments grossiers, et qu'on mélange intimement avec elle une certaine proportion de gravier ou de menus cailloux. On verra immédiatement son aspect se modifier. Il s'y produira des interstices vides qui n'y existaient pas. Elle deviendra beaucoup plus perméable aux gaz et à l'eau. Elle sera aussi moins compacte qu'auparavant, plus facile à remuer, plus meuble. Tels sont les effets du sable dans les sols.

Il lui arrive aussi d'y jouer un rôle chimique. Quand il consiste en quartz, cas très fréquent, il est inattaquable. Mais parfois il comprend du calcaire, ou du feldspath, ou d'autres minéraux décomposables. Alors, outre son utilité comme matière divisante, il est encore capable de donner lieu à des réactions précieuses. Nous avons vu ce que peut produire, à cet égard, le calcaire; quant au feldspath et autres sables contenant de la potasse, ils sont susceptibles de devenir une source de cet alcali qui n'est point à négliger.

V. CLASSIFICATION DES SOLS AGRICOLES

46. — Divers auteurs ont essayé de classer les sols agricoles d'après leur constitution physique, c'est-à-dire d'après leur teneur en sable, argile, calcaire et humus. Il ne paraît pas qu'on doive accorder à ces classifications toute l'importance qu'on leur a souvent prêtée. La plupart d'entre elles pèchent par la base : la détermination des éléments dosés a été faite par des procédés dont plusieurs sont aujourd'hui regardés comme d'une précision insuffisante. Mais les dosages fussent-ils parfaits, il resterait à savoir le parti qu'on en peut au juste tirer. On est encore assez mal éclairé sur ce point. Les qualités de chaque sol sont d'ordinaire, nous le verrons, sous la dépendance de diverses circonstances, à lui spéciales, qui empêchent de conclure, suivant une règle générale, de sa constitution à sa valeur agricole. Cette valeur est, dans l'état de nos connaissances, mieux définie par la composition chimique.

Nous ne nous arrêterons donc pas à la classification des sols d'après leurs propriétés physiques et nous renverrons à Thaer, Schwerz, Gasparin, Masure, les lecteurs qui voudraient connaître les principaux travaux sur la matière.

CHAPITRE III

—

PROPRIÉTÉS PHYSIQUES DES SOLS AGRICOLES

47. — On peut étudier ces propriétés, et surtout quelques-unes d'entre elles, soit en les considérant comme inhérentes à la constitution des sols et les examinant en elles-mêmes indépendamment des circonstances où elles entrent réellement en jeu, soit en les séparant le moins possible de ces circonstances et cherchant ce qu'elles sont et ce qu'elles produisent dans les conditions naturelles. De ces deux points de vue, le second est évidemment celui qui offre le plus d'intérêt. Il convient de s'en rapprocher plus qu'on ne le fait d'ordinaire.

Otth, de Zurich, attira le premier l'attention

sur l'importance des propriétés physiques des sols. Schubler [1] en fit une étude méthodique, mais par des moyens qui, pour être généralement acceptés, n'en sont pas moins défectueux en plus d'un cas ; son plus grand mérite est d'avoir distingué les propriétés physiques les unes des autres, de les avoir définies et mesurées par des procédés scientifiques.

I. POIDS SPÉCIFIQUE DE LA TERRE VÉGÉTALE

48. — Nous avons dit que la terre végétale se compose essentiellement de sable. Or le sable, quelle que soit sa nature, a un poids spécifique voisin de 2,75. Le poids spécifique de la terre sera donc, à peu de chose près, représenté par ce chiffre. Il n'y a guère que pour les terres très riches en humus qu'il en différera notablement et descendra au-dessous.

Mais l'intérêt n'est pas tant de savoir le poids spécifique réel de la terre que son poids sous un certain volume apparent, par exemple au mètre

(1) *Annales de l'agriculture française*, 2e série, t. LX.

cube. La connaissance de ce poids est utile dans l'évaluation des charrois qu'une terre peut avoir à subir. Le mètre cube de terre *fraîchement remuée et peu tassée* pèse ordinairement de 1200 à 1300 kilogrammes [1]. Il pèse davantage si la terre est fortement tassée ou très humide. Une légère humidité influe peu sur le poids au mètre cube ; pour une terre sèche et une terre à 8 ou 10 pour 100 d'eau, ce poids est sensiblement le même ; il est même souvent plus faible pour la terre humide ; ce qui tient à ce qu'une faible humidité augmente le volume apparent, le foisonnement, en même temps que le poids de matière.

Les agriculteurs parlent fréquemment de terres lourdes et de terres légères. Ces expressions ont trait, non pas comme on pourrait croire, à la densité des terres, mais à la résistance plus ou moins grande qu'elles offrent au labour en vertu de leur cohésion.

---

[1] La terre ameublie se compose de particules (petits agglomérats formés d'éléments pleins) entre lesquelles existent des vides représentant à peu près le tiers de son volume apparent; ces particules comprennent elles-mêmes un tiers de vide, en sorte que, dans une telle terre, les pleins sont environ les 4/9 du total des vides. Et en effet la densité apparente 1,25 est sensiblement les 4/9 de la densité absolue 2,75.

II. IMBIBITION DE LA TERRE VÉGÉTALE PAR L'EAU

49. — La terre végétale, après avoir été mouillée, reste imbibée d'une certaine proportion d'eau. Schubler mesurait sa faculté d'imbibition en déterminant ce qu'un poids connu de terre conserve d'eau, quand, après avoir été placé sur un filtre et abondamment arrosé, il a achevé de s'égoutter. Ce procédé est absolument défectueux ; il ne donne pas même une idée approchée de la quantité d'eau qui imbibe ordinairement une terre dans les conditions naturelles (1).

En effet, la terre se ressuie incomplètement sur un filtre ; elle y garde une humidité très exagérée, parce que les interstices compris entre les particules demeurent pleins d'eau (2). Or

(1) M. E. Risler a constaté que, dans la nature, la terre ne contient pas en général le maximum d'eau qu'on pourrait lui faire absorber par les méthodes indiquées dans les traités d'agronomie (*Recherches sur l'évaporation du sol et des plantes*, 1879).

(2) Voir à ce sujet les expériences de M. Schlœsing (*Contribution à l'étude de la chimie agricole*).

aux champs, sauf des cas qu'on peut heureusement regarder comme exceptionnels, les sols sont bien ressuyés dans leurs couches superficielles.

Si l'on veut savoir ce qu'une terre retient réellement d'eau, on prendra sur place, après des pluies et quand le ressuyage se sera effectué, des échantillons à des profondeurs croissant de 10 en 10 centimètres ; on les rapportera au laboratoire et l'on déterminera l'humidité de chacun d'eux. On trouvera, en général, pour les terres des taux pour cent variant de 30 à 45 ; pour les sables, surtout les sables grossiers, on peut trouver dix fois moins.

On regarde souvent les terres argileuses comme douées plus que les autres de la faculté de retenir l'eau. Il n'en est pas ainsi d'ordinaire; les terres qui retiennent le plus d'eau sont celles qui, étant composées d'éléments très fins, ne renferment pas une proportion de ciment, minéral ou organique, suffisante pour leur conserver la division en particules. Sous l'action de l'eau, elles tendent à former des boues qui ne se ressuyent pas. Les terres argileuses, au contraire, conservent aisément l'état particulaire favorable au ressuyage.

III. FACULTÉ HYGROSCOPIQUE OU HYGROSCOPICITÉ DE LA TERRE VÉGÉTALE

50. — La terre végétale prend dans certains cas de l'humidité à l'atmosphère et dans d'autres cas lui en cède. Ces échanges dépendent des tensions de la vapeur d'eau dans l'air et dans la terre. Le milieu où la tension est plus forte abandonne de l'humidité à celui où elle est plus faible. Si les éléments d'une terre humide n'exerçaient sur l'eau dont ils sont revêtus aucune attraction, cette eau aurait pour tension de vapeur la tension maxima correspondant à sa température et tendrait à se vaporiser tant que l'air ambiant ne serait pas saturé, ainsi qu'il arrive pour l'eau contenue dans un récipient ouvert. Mais il en est autrement ; dans une atmosphère non saturée, la terre peut non seulement ne pas perdre, mais prendre de l'humidité. Cette faculté, commune à beaucoup de substances, est l'hygroscopicité.

La proportion d'eau ainsi absorbée par un corps augmente avec la surface qu'il offre sous un poids donné. De deux terres de même nature, la plus fine se chargera donc, par hygroscopicité, de plus d'eau que l'autre.

Si l'on veut déterminer avec exactitude l'hygroscopicité d'une terre, il convient de recourir à une méthode dont nous n'indiquerons que le principe. Elle consiste à placer en présence, à diverses températures, des lots de cette terre, à divers taux d'humidité, et de l'air, et, quand les deux milieux se sont mis en équilibre de tension aqueuse, à voir quel est l'état hygrométrique de l'air. On établit ainsi, pour chaque température, une relation entre cet état hygrométrique et le taux d'humidité de la terre, relation qui caractérise l'hygroscopicité de celle-ci et qui permet de dire vers quel taux d'humidité tendra la terre lorsqu'elle sera exposée à une atmosphère d'un état hygrométrique connu à une température déterminée. Par cette méthode on est arrivé aux résultats suivants : 1° L'hygroscopicité des terres est généralement assez faible. Il suffit qu'une terre ait 5 °/₀ d'eau pour que l'eau y possède à peu près la tension maxima correspondant à sa température, c'est-à-dire pour que la terre se dessèche du moment que l'atmosphère avec laquelle elle est en contact n'est pas saturée. Mais si la terre ne renferme, par exemple, que 1 °/₀ d'eau, la tension de vapeur de cette eau peut n'être que les 2 ou 3 dixièmes de la tension maxima ; dès lors la terre prendra de l'humidité à l'atmosphère ambiante, du moment que cette atmosphère aura un état hygrométrique supérieur à 0,2 ou 0,3. 2° L'hygroscopicité des terres varie très peu avec la température entre 9° et 35° ; ce qui signifie qu'une terre, supposée en équilibre d'humidité avec l'atmosphère ambiante, gardera sensiblement la même quantité d'eau malgré les variations de température qui surviendront, si l'état hygrométrique de l'atmosphère reste constant [1].

IV. DESSICCATION DE LA TERRE VÉGÉTALE

51. — Deux phénomènes interviennent dans la dessiccation de la terre végétale: l'évaporation par la surface extérieure et le transport de l'eau vers cette surface.

L'évaporation dépend essentiellement de l'état hygrométrique et du renouvellement de l'air ambiant.

Le transport de l'eau, résultat d'actions capillaires assez complexes, est d'autant plus facile

---

(1) SCHLŒSING. — *Comptes rendus de l'Académie des sciences*, t. XCIX, 1884.

que le sol est plus humide et composé d'éléments moins fins.

Toutes choses égales d'ailleurs, une terre à éléments grossiers se desséchera plus vite qu'une terre à éléments fins. Mais il ne faut pas se hâter d'en conclure qu'elle deviendra plus vite impropre à entretenir la végétation. Car, précisément en raison de la facilité relative avec laquelle l'eau y circule, la première pourra encore fournir de l'eau aux racines, quand la seconde, quoique plus humide, ne le pourra plus. M. Sachs a trouvé que dans un sol argileux à éléments fins, un plant de tabac se fane dès que l'humidité s'abaisse à 8 %, tandis qu'en un sol de sable quartzeux à gros grains la même plante ne se fane que si l'humidité descend à 1,5 % ; ce qui signifie que dans le premier sol à 8 % d'humidité la circulation de l'eau devient trop pénible pour subvenir aux besoins de la plante, alors que dans le second sol pareil fait ne se produit que lorsque le taux d'humidité se réduit à 1,5 %.

L'opération du binage a, entre autres bons effets, celui de diminuer la dessiccation de la terre. C'est en s'opposant au transport de l'eau vers la surface qu'elle produit cet effet ; elle rompt les canaux capillaires par où l'eau monte, appelée par l'évaporation.

V. DIVERS EFFETS DE LA DESSICCATION DE LA TERRE VÉGÉTALE. COHÉSION. RETRAIT.

52. — En se desséchant, la terre végétale prend d'ordinaire une certaine dureté, une certaine cohésion. Cet effet de la dessiccation se manifeste à tous les degrés ; il est rare qu'il soit insensible (terres de bruyère, sols de forêts formés de grès). Une très petite proportion d'argile ou d'humates suffit à le produire d'une manière appréciable.

La détermination de la cohésion de la terre plus ou moins desséchée, ainsi que de l'adhérence aux instruments de la terre plus ou moins humide, n'a guère d'intérêt que pour le labourage ; elle peut servir à fixer l'importance des attelages à y employer. Or, l'invention du dynamomètre a fait perdre à peu près toute utilité aux expériences de laboratoire en pareille matière. Si l'on veut savoir l'effort nécessaire à la traction d'une charrue donnée dans un sol donné, on peut le mesurer très facilement et avec précision en interposant un dynamomètre entre la charrue et les bêtes qui y sont attelées.

Mais ces mesures elles-mêmes n'ont guère d'intérêt pratique. Un cultivateur veut-il labourer son champ ; il prend le seul parti qu'il ait à prendre : il attèle autant d'animaux qu'il en faut pour que le travail se fasse convenablement, sans avoir égard aux mesures dynamométriques.

La cohésion d'une terre augmente généralement avec la proportion d'argile ou avec celle des humates ; mais ici il convient de se rappeler ce qui a été dit de l'influence du second ciment sur le premier (§ **41**), influence qui se résume dans ce dicton déjà cité : « Le terreau ameublit les terres trop fortes. »

La cohésion dépend encore du degré de ténuité des éléments. A proportion égale d'argile ou d'humates, les terres durcissent d'autant plus en séchant qu'elles sont plus fines. Il y en a qui, quoique pauvres en matières capables de les cimenter, prennent néanmoins assez de dureté ; elles le doivent à la petitesse des éléments qui les composent. Ces terres offrent souvent de graves inconvénients : pleut-il ? elles sont boueuses ; fait-il sec ? elles sont dures.

Par l'effet de la dessiccation les terres diminuent plus ou moins de volume et se fendillent. Il en résulte que de jeunes racines sont rompues ; c'est un accident parfois très fâcheux.

Dans une terre homogène, chacun a pu l'observer, les fentes produites par la dessiccation forment des lignes brisées ou courbes qui, généralement, se coupent deux à deux à angle droit. On se rend compte aisément, en y regardant de près, qu'il en doit être ainsi ; une première fente étant déjà faite, si une autre se développe à côté, elle suivra la ligne de moindre résistance à la séparation des éléments du sol, ligne qui, au voisinage de la première fente, est la perpendiculaire à celle-ci.

VI. LA TERRE VÉGÉTALE NE CONDENSE PAS LES GAZ

53. — On a souvent prêté à la terre végétale la propriété de condenser les gaz ; on a invoqué cette propriété pour expliquer l'énergie des combustions qui s'y accomplissent et particulièrement la nitrification. C'était là une grave erreur, qui, il faut le reconnaître, a aujourd'hui à peu près disparu de la science.

Pour savoir si la terre possède le pouvoir dont il s'agit, on a eu recours à la méthode suivante : on extrait la totalité des gaz que renferme une masse déterminée de terre ; on remplit ensuite avec de l'eau les espaces vides et l'on compare le volume de l'eau absorbée avec celui des gaz ramené à la pression et à la température de la terre. On a trouvé ainsi, à $\frac{1}{1000}$ près environ et avec des terres diverses, égalité entre le volume des gaz, convenablement corrigé, et celui de l'eau (1). Par une méthode un peu différente, M. Berthelot a trouvé récemment que la terre n'absorbe pas l'oxyde de carbone (2). Ainsi la terre végétale ne condense pas les gaz.

On constaterait peut-être une condensation appréciable, si la terre renfermait une forte proportion de débris de charbon. On sait, en effet, que ce corps a la faculté d'absorber les gaz. De la terre calcinée en vase clos acquiert cette faculté, qu'elle doit à la présence du charbon provenant de la décomposition de la matière organique.

Il faut noter que, si la terre végétale n'a pas, comme le charbon, comme le noir de platine, la faculté d'absorber les gaz dans une mesure sensible en vertu d'une propriété purement physique, elle peut néanmoins, et cela est manifeste, absorber des gaz par suite de réactions chimi-

---

(1) Schlœsing. — *Contribution à l'étude de la chimie agricole.*

(2) *Comptes rendus de l'Académie des Sciences.* t. CXI, 1890.

ques. C'est ainsi que les terres argileuses, la pierre lydienne, certains schistes, l'humus, certaine argile blanche, sont capables de s'oxyder plus ou moins rapidement aux dépens de l'air ambiant.

VII. ABSORPTION DE LA CHALEUR SOLAIRE PAR LA TERRE VÉGÉTALE

54. — Les végétaux reçoivent du soleil la chaleur dont ils ont besoin, soit par radiation directe, soit par l'intermédiaire du sol qui transforme de diverses façons cette radiation.

Les quantités de chaleur absorbées et emmagasinées par la terre végétale sont très variables suivant les cas. Elles dépendent, en ce qui concerne le sol lui-même, de son pouvoir absorbant pour la chaleur, de sa conductibilité, de son état d'humidité, de sa coloration ; elles dépendent encore, en dehors de l'intensité de la radiation, de l'obliquité des rayons, de la durée des jours, de l'état de l'atmosphère.

L'influence de chacune de ces conditions est évidente. Voici des faits qui précisent quelques-unes d'entre elles.

Entre deux lots d'une même terre exposés au

soleil, l'un sec, l'autre humide, on observe facilement une différence de température de 8° dans la couche superficielle (SCHUBLER). L'abaissement de température pour le lot humide est dû à l'évaporation. Entre deux lots humides contenant des quantités d'eau fort diverses, l'écart est faible.

On peut trouver encore une différence de température de 7 ou 8° entre deux lots d'une même terre dont l'un a été couvert d'une mince couche de noir de fumée (SCHUBLER). Les terres de couleur foncée absorbent plus de chaleur que les terres plus claires. On sait que, dans certaines régions voisines de la limite de culture de la vigne, les raisins noirs, qui demandent pour mûrir plus de chaleur que les blancs, ne viennent bien que sur les terres foncées. Dans des parties élevées de la Suisse, il est d'usage de répandre sur le sol de la terre noire pour faciliter la fonte de la neige et hâter ainsi le développement de la végétation (H. CHRIST, *Flore de la Suisse*).

L'obliquité des rayons est un obstacle des plus sérieux à l'absorption de la chaleur solaire dans les hautes latitudes. Cependant elle peut être compensée par la longueur des jours ; cette compensation permet la culture du blé dans certaines parties de la Suède.

Le soleil est-il la seule source de la chaleur dont profitent les végétaux dans nos champs? La combustion des matières organiques du sol est-elle capable d'en fournir une quantité appréciable? Considérons un hectare, fumé annuellement à raison de 30000 kilogrammes de fumier et recevant ainsi 6000 kilogrammes de matière sèche qui, à raison de 36 % de carbone, 4,2 % d'hydrogène et 25,8 % d'oxygène (Boussingault), donne par combustion totale environ 17 millions de calories, soit à peu près 5 calories par jour et par mètre carré. Admettons que les effets de cette production de chaleur s'étendent à une couche de 15 centimètres d'épaisseur, pesant 200 kilogrammes et possédant une chaleur spécifique égale à 0,2. Les 5 calories dégagées pourront élever de $\frac{1}{8}$ de degré par jour la température du sol. Cet échauffement est insignifiant par rapport à l'action solaire. Pour que le fumier devienne une source importante de chaleur, il faut qu'il soit employé en très grande abondance, comme il n'est possible de le faire que dans la culture des jardiniers.

VIII. VARIABILITÉ DES CONSÉQUENCES A DÉDUIRE DES PROPRIÉTÉS PHYSIQUES DES TERRES

55. — Les propriétés physiques d'une terre ont une part très variable dans l'ensemble de ses qualités. Une terre étant donnée, qui possède à un certain degré telle propriété physique, on ne peut pas *a priori* dire d'une manière absolue qu'il en résulte pour elle tel avantage ou tel inconvénient ; pour en juger convenablement, il faut tenir compte de circonstances diverses.

Par exemple, telle terre qui se ressuie lentement après avoir été mouillée, pourra être mauvaise dans un pays pluvieux et précieuse dans un pays sec ; elle se prêtera, tout au moins, à des cultures différentes dans les deux pays. Sur un sous-sol imperméable, une terre fortement argileuse risquera de rester longtemps trop humide pour être travaillée, ce qui retardera les labours et entraînera souvent de très fâcheuses conséquences ; sur du sable ou du gravier, elle s'égouttera bien plus vite.

L'orientation est une des circonstances qui modifient profondément les propriétés des sols. Dans les climats tempérés, l'exposition au midi est favorable à beaucoup de cultures. Dans les pays froids, cette même exposition semblerait devoir être presque nécessaire à la végétation. Il arrive pourtant qu'elle lui soit tout à fait préjudiciable. On observe nettement le fait dans les parties élevées de la Suisse et de l'Écosse. Les plantes y sont, pendant une partie de l'année, couvertes de givre chaque matin. Du côté du midi, elles sont soumises, dès l'apparition du soleil, à un brusque dégel qui leur est extrêmement nuisible ; les versants nord éprouvent des variations de température moins rapides et moins accusées, et par suite sont plus productifs.

Il ressort de ce qui précède que, pour apprécier à leur juste valeur les propriétés physiques des sols, il importe de les étudier sur place dans chaque cas particulier ; car ces propriétés n'ont rien d'absolu dans leurs effets. Il n'en faudrait pas conclure qu'elles n'ont qu'une médiocre importance. Cette opinion a trop facilement cours. Dans l'étude des sols, la composition chimique, qu'on détermine aujourd'hui par des procédés si commodes, a peut-être trop exclusivement fixé l'attention des hommes de science et de pratique depuis quelque temps. L'étude des propriétés physiques ne doit pas être dédaignée ; jointe à celle de la composition chimique, il est vraisemblable qu'elle donnera la clé, dans bien des cas spéciaux, de phénomènes encore inexpliqués.

CHAPITRE IV

—

PHÉNOMÈNES CHIMIQUES ET MICROBIENS S'ACCOMPLISSANT DANS LES SOLS AGRICOLES

56. — Le sol est le siège de phénomènes chimiques qui intéressent au plus haut point la végétation, car ils préparent les aliments absorbés ensuite par les racines. Ces phénomènes sont extrêmement variés. On ne saurait en donner une énumération complète ; il est, en effet, bien certain qu'on ne les connaît pas tous. Nous passerons en revue ceux sur lesquels on a aujourd'hui des idées précises. Notons dès maintenant l'importance, de jour en jour plus considérable, que prennent parmi ces phénomènes ceux qui s'accomplissent avec le concours de microbes.

I. PRODUCTION DES PRINCIPES FERTILISANTS PAR LA DÉCOMPOSITION DES ROCHES

57. — A propos de la formation des sols (§ **30**), il a déjà été parlé de la décomposition des roches sous l'influence de l'eau, de l'acide carbonique et aussi de causes physiques et mécaniques. Cette décomposition est une source souvent importante de principes fertilisants. Ainsi, le silicate de potasse des feldspaths et des argiles se transformant en carbonate, l'alcali passe à l'état soluble, c'est-à-dire immédiatement assimilable. L'acide phosphorique est encore fourni aux végétaux par la destruction des roches, qui toutes en renferment au moins des traces, et le sesquioxyde de fer par l'oxydation du sous-oxyde qui entre également dans un grand nombre de minéraux.

La production de ces divers principes est assurément fort lente ; elle ne procure pas, en général, la totalité des principes minéraux nécessaires aux récoltes. Mais il n'est pas rare qu'elle suffise à faire face à la consommation de plusieurs d'entre eux. C'est là un cas exceptionnel en ce qui concerne la potasse et l'acide phosphorique ; cependant il y a des terres qui, depuis un temps extrêmement considérable, portent du blé sans qu'on leur restitue ni potasse ni acide phosphorique. C'est que la mise en liberté de ces composés est au moins équivalente à ce que les récoltes en emportent.

La destruction des roches calcaires joue un rôle particulièrement intéressant dans les sols. Qu'il suffise de rappeler l'influence de leur dissolution à l'état de bicarbonate sur la coagulation de l'argile, sur la formation de l'humate de chaux, sur le maintien de l'ameublissement, dissolution qui intervient aussi, comme on le verra, dans la nitrification et qui exerce une action directe sur le développement des végétaux, en leur apportant sous forme soluble de la chaux, un de leurs aliments indispensables. Enfin, après leur dissolution, les roches calcaires laissent parfois comme résidu, ainsi qu'il a été dit déjà, des substances riches en principes fertilisants.

II. PROPRIÉTÉS ABSORBANTES DE LA TERRE VÉGÉTALE

58. — La terre végétale a la propriété de retenir à l'état insoluble, malgré l'action dissolvante de l'eau, un certain nombre de substances, solubles d'ordinaire, parmi lesquelles figurent de précieux aliments des plantes. On désigne souvent cette propriété sous le nom de *pouvoir absorbant*. Elle a été découverte vers 1848. A cette époque, M. Huxtable constata qu'en filtrant du purin sur de la terre, on obtient un liquide incolore, sans mauvaise odeur ; M. S. Thompson reconnut qu'une dissolution d'ammoniaque ou d'un sel ammoniacal est partiellement dépouillée par la terre de son alcali. M. Th. Way entreprit bientôt sur ce sujet une série de belles recherches ; il trouva que le pouvoir absorbant ne s'exerce pas seulement à l'égard de l'ammoniaque, mais de toutes les bases alcalines et terreuses nécessaires aux végétaux.

Sa méthode consistait à agiter dans un flacon un poids connu de terre avec un volume également connu d'une dissolution titrée d'un principe fertilisant. On laissait ensuite reposer la dissolution ; on décantait une fraction du liquide clair et l'on en déterminait de nouveau le titre. De là se déduisait le poids du principe qui avait été fixé. Les résultats de telles expériences varient beaucoup suivant la nature de la terre et celle du principe dissous et suivant le titre et le volume des liqueurs. On conçoit que ce volume ait une influence. Plus il est grand, moins les liqueurs s'appauvrissent par le départ de la portion du principe qui est fixée sur la terre, et par suite plus, dans l'équilibre final, cette portion est considérable.

L'affinité de la terre pour les principes fertilisants est très énergique, mais elle est facilement satisfaite, c'est-à-dire qu'une petite quantité de ces principes suffit pour saturer la terre; au contraire, l'affinité de l'eau est faible, mais sa capacité est grande, c'est-à-dire qu'il faut un poids considérable d'un principe pour la saturer. Ces propriétés règlent la manière dont se fait le partage des principes fertilisants entre la terre et l'eau.

La proportion des principes absorbés par la terre ne dépasse guère 2 ou 3 millièmes de son poids. Elle représente ainsi une réserve capable de subvenir aux besoins de nombreuses récoltes.

Le pouvoir absorbant d'une terre à l'égard d'un certain principe dépend étroitement de son état d'approvisionnement relativement à ce principe. Ainsi, on trouve en général que l'absorption de la potasse et de l'ammoniaque est notable, tandis que celle de la chaux et de la soude est très faible. En effet, l'approvisionnement des sols est d'ordinaire peu considérable en ce qui concerne les deux premières bases, qui sont l'une et l'autre avidement recherchées par les végétaux et dont la seconde disparaît de plus très rapidement en se transformant en nitrates ; mais il en est autrement pour la chaux et la soude, celle-ci n'étant que peu absorbable par les plantes et celle-là étant d'ordinaire surabondante dans les sols.

Quand on met en contact avec une terre une dissolution d'un sel à base alcaline, tel que nitrate, chlorure, sulfate de potasse, de soude ou d'ammoniaque, la base seule de ce sel est en partie fixée ; l'acide ne l'est pas. De plus, si, le sel consistant en sulfate de potasse par exemple, une certaine quantité de potasse a été retenue par la terre, une quantité équivalente d'une autre base qu'elle contenait, telle que chaux ou magnésie, apparaît dans la dissolution à l'état de sulfate. Lorsqu'on a lavé la terre au préalable à l'acide chlorhydrique et à l'eau, la fixation n'a plus lieu ; la dissolution de sulfate de potasse n'est plus modifiée. Mais une base libre, offerte en dissolution, peut encore être absorbée.

Tels sont les faits établis par les expériences de Way, confirmés par les recherches de bien des expérimentateurs et en particulier de M. Vœlcker. On en voit immédiatement toute l'importance. Ils montrent, en effet, dans le sol une faculté précieuse, celle de mettre en réserve certaines substances, qui sont des plus utiles pour les plantes et qui, sans cette faculté, seraient en grande partie entraînées par les eaux souterraines et perdues pour l'agriculture.

L'explication de ces faits est demeurée, jusqu'à une date récente, assez obscure. Ils ne sont pas encore complètement éclaircis ; cependant de récents travaux y ont apporté une vive lumière.

D'après des recherches en grande partie inédites de M. P. de Mondesir [1], exécutées dans ces dernières années, le pouvoir absorbant de la terre végétale tient essentiellement à la propriété que possèdent la matière organique acide, désignée sous le nom d'acide humique, et aussi l'acide silicique d'être polybasiques, de prendre les bases qui leur sont offertes, par simple addition si elles sont libres, par double échange si elles sont à l'état salin.

Considérons, par exemple, le cas où l'on traite une terre riche en humate de chaux par une dissolution de sulfate de potasse ; on constate alors qu'une portion du sel est décomposée. Pour M. de Mondésir, l'humate de chaux a échangé

---

[1] M. Van Bemmelen a fait connaître des expériences qui l'ont conduit à conclure que le pouvoir absorbant appartient aux matières colloïdales du sol, silicates, oxyde de fer, acide silicique, substances humiques (*Landwirthschaftlische Versuchs-Stationen*, 1888).

une partie de sa chaux contre une quantité équivalente de potasse ; il s'est fait un humate polybasique. Dans de tels échanges, les silicates peuvent se comporter à la manière des humates.

On a dit souvent que la présence du calcaire était nécessaire à l'exercice du pouvoir absorbant à l'égard des solutions salines. On en a donné pour preuve que, si on lave une terre à l'acide chlorhydrique, puis à l'eau, elle devient incapable de fixer les bases des solutions de sels alcalins. M. Brustlein, à qui l'on doit de très intéressantes expériences, analogues à celles de M. Way, sur l'absorption de l'ammoniaque, libre ou à l'état salin, par des sols de natures diverses, a pensé établir mieux encore la nécessité du calcaire. Ayant vérifié d'abord que la décomposition d'une solution de sel ammoniac n'a pas lieu par une terre préalablement lavée à l'acide, il a maintenu cette terre dans une solution de bicarbonate de chaux, qu'il a portée à l'ébullition avec l'idée de précipiter sur les particules terreuses du calcaire dans un état de division extrême, et il a constaté qu'après ce traitement elle redevenait capable de fixer l'ammoniaque d'un sel. Il faut avouer que ce résultat paraissait bien entraîner la conséquence qu'on en a déduite, quoique pourtant un point restât fort surprenant : si le carbonate de chaux prend part à la décomposition par le sol d'un sel alcalin à base fixe, tel que le sulfate de potasse, décomposition dans laquelle se forme du sulfate de chaux, il a dû se faire du carbonate de potasse ; c'est-à-dire qu'il s'est passé une réaction inconciliable avec l'action bien connue du carbonate de potasse sur le sulfate de chaux.

Les idées de M. de Mondesir rendent compte des faits observés d'une manière satisfaisante. Ce n'est pas le calcaire qui est nécessaire à la décomposition des solutions salines par le sol ; c'est l'existence d'humates ou de silicates polybasiques, parmi lesquels dominent ordinairement ceux de chaux. Quand on lave une terre à l'acide, on détruit ces composés ; quand on la porte ensuite à l'ébullition avec une dissolution de bicarbonate de chaux, on les reforme. En faisant ainsi tour à tour disparaître et reparaître dans la terre les corps polybasiques, on lui retire et on lui rend la faculté de décomposer les solutions salines. Mais le carbonate de chaux n'est pour rien dans cette décomposition.

La chaux n'est pas même la base nécessaire à laquelle doivent se substituer celles que la terre enlève aux solutions salines. Il arrive que dans une terre on puisse à volonté fixer telle ou telle base à la place de telle ou telle autre. Quand on traite une terre calcaire par une solution de sel marin, on y produit une absorption de soude avec élimination de chaux ; si ensuite, après l'avoir lavée à l'eau, on l'agite avec une solution de sulfate de chaux, on donne naissance à du sulfate de soude avec fixation de chaux. M. de Mondesir a exécuté maintes fois ces opérations, en particulier au cours de ses remarquables recherches sur la formation naturelle du natron [1]. Dans ces réactions, les éléments fixateurs des bases, l'acide humique et la silice, peuvent se charger alternativement d'une base ou d'une autre suivant la dissolution qu'on leur présente; ce sont comme les pivots de l'absorption.

Nous donnons peut-être une précision exagérée à une théorie où il reste encore plusieurs points à éclaircir. Ainsi, il est à croire qu'en dehors des humates et des silicates d'autres éléments du sol jouent un rôle dans le pouvoir absorbant [2].

---

(1) *Comptes rendus de l'Académie des Sciences* 1888.

(2) Ce qui est bien certain, c'est que la matière organique n'est pas seule à exercer le pouvoir absorbant ; M. de Mondesir a constaté cette propriété à un degré encore important dans une terre dont la matière organique avait été entièrement brûlée par traitement au permanganate de potasse.

Mais, dans l'état actuel de la question, on peut pour simplifier ne regarder comme agents d'absorption que ces composés, qui doivent exercer l'influence prépondérante.

Quoi qu'il en soit, d'ailleurs, de l'explication des faits, ce qu'il faut retenir avant tout, ce sont les faits eux-mêmes. Il résulte positivement des expériences citées plus haut que la terre végétale est capable de fixer à l'état insoluble les bases alcalines. Elle ne retient pas les acides ; ainsi l'acide nitrique des nitrates la traverse sans s'y arrêter. Il n'en est pas de même de l'acide phosphorique ; mais sa fixation paraît être un phénomène étranger à ceux qu'on attribue au pouvoir absorbant, et résulter tout simplement de ce qu'il forme dans le sol des combinaisons insolubles. Du phosphate de chaux dissous dans l'eau à la faveur d'acide carbonique est immédiatement précipité en présence d'un excès de sesquioxyde de fer ou d'alumine ; si bien que dans la liqueur qu'on peut séparer par filtration on ne retrouve plus trace d'acide phosphorique ; le phosphate de soude et de chaux donnent lieu à la même observation (P. Thénard). Les sols renferment toujours assez d'oxyde de fer et d'alumine pour insolubiliser l'acide phosphorique ; c'est pourquoi cet acide y demeure. En résumé la terre fixe les principes fertilisants les plus importants, à l'exception des nitrates.

On peut tirer de ce qui précède plusieurs conséquences pratiques. 1° Les acides des solutions avec lesquelles le sol est en contact n'étant pas retenus, la nature des acides entrant dans les sels alcalins employés comme engrais est peu importante au point de vue de l'absorption des alcalis. 2° Il ne faut pas compter sur la diffusion pour disséminer partout dans le sol les substances fertilisantes, puisqu'elles y sont à peu près immobilisées à l'état insoluble ; de là l'utilité qu'il y a à épandre les engrais aussi uniformément que possible. 3° Les fortes fumures (sauf les nitrates) peuvent être employées sans qu'on ait à craindre les pertes par les eaux souterraines ; car une bonne terre retient plus de 50 fois autant de principes fertilisants qu'on lui en donne normalement dans la pratique. Mais, à cet égard, il est essentiel de faire observer que l'azote ammoniacal nitrifie en général rapidement et que les nitrates produits échappent au pouvoir absorbant. Il faudra donc ne mettre en œuvre les sels ammoniacaux employés comme engrais qu'au moment où la végétation peut les utiliser sans retard.

III. RELATIONS DE LA TERRE VÉGÉTALE AVEC L'AMMONIAQUE ET L'AZOTE LIBRE DE L'ATMOSPHÈRE

59. — M. Schlœsing a annoncé [1] que la terre végétale, sèche ou humide, calcaire ou non, fixait continuellement de l'ammoniaque empruntée à l'atmosphère. Ses expériences consistaient à exposer à l'air, à l'abri de la pluie, des échantillons de terre étendus sous une faible épaisseur, et à y doser l'ammoniaque avant et après l'exposition. Quand la terre était humide, comme l'ammoniaque absorbée y était nitrifiée rapidement, le dosage de l'alcali ne suffisait plus ; on y ajoutait celui de l'acide azotique, et de plus on employait un lot témoin, non exposé à l'air, devant fournir une correction indispensable, savoir la quantité d'acide azotique dont la formation était attribuable à la nitrification de la matière organique. On trouva par ce procédé pour les terres sèches une fixation de 12 à 30 kilogrammes par hectare et par an, et pour les terres

---

[1] *Comptes rendus de l'Académie de Sciences*, 1876.

mides une fixation pouvant atteindre et dépasser une cinquantaine de kilogrammes. L'absorption de l'ammoniaque par les terres apparaissait ainsi, non pas comme pouvant fournir tout l'azote de fortes récoltes, mais du moins comme une source de ce précieux élément qu'il y avait lieu de ne pas négliger.

Une dizaine d'années plus tard, MM. Berthelot et André ont fait connaître [1] des expériences qui tendaient à prouver au contraire que la terre végétale dégage de l'ammoniaque. De nouvelles recherches furent entreprises par M. Schlœsing sur la question ; elles confirmèrent ses premiers résultats.

Une divergence de vue s'est encore produite entre les mêmes savants à propos d'une autre question intéressant à un haut degré la statique de l'azote en agriculture. A la suite d'importantes expériences, exécutées dans des conditions variées [2], MM. Berthelot et André ont été amenés à conclure que la terre végétale avait la propriété de fixer l'azote gazeux de l'atmosphère. Cette fixation se ferait avec le concours de microbes ; pour s'effectuer au maximum, elle exigerait diverses conditions relatives à la perméa-

---

(1) *Annales de chimie et de physique.*

(2) *Annales de chimie et de physique*, 1886-1890.

bilité des sols, à leur degré d'humidité, à leur état d'ameublissement.

De son côté, M. Schlœsing ayant voulu reproduire la fixation de l'azote par les sols n'y a pas réussi. Il a cherché à la réaliser en employant, parmi les différentes méthodes suivies par MM. Berthelot et André, celle qui paraissait la plus décisive et qui consistait à enfermer de la terre dans un flacon avec de l'air et à doser l'azote qui y était contenu à différentes époques; cette méthode élimine complètement l'influence de l'atmosphère comme source d'ammoniaque pouvant enrichir les terres en azote. Dans ces conditions, M. Schlœsing n'a point trouvé de fixation. Il a fait mieux ; il a eu recours à la méthode directe, dans laquelle un volume rigoureusement déterminé d'azote gazeux est abandonné avec la terre dans des appareils clos et mesuré de nouveau avec précision après de longs mois de contact. Il a retrouvé en fin d'expérience les mêmes volumes qu'au début ; d'où, point de fixation (1).

---

(1) *Comptes rendus de l'Académie des Sciences*, 1888, 1889). Ce résultat a été encore confirmé par les expériences de MM. Th. SCHLŒSING fils et Em. LAURENT (*Comptes rendus de l'Académie des Sciences*, 1890 et 1891).

Il n'entre pas dans notre programme d'insister davantage sur ces diverses recherches; car nous tentons d'ordinaire à n'avancer que des faits positifs. Ici il ne nous est guère permis de de faire un choix entre les opinions produites. Il est à espérer qu'un prochain avenir lèvera les doutes qui règnent encore sur ce grave sujet.

On peut d'ailleurs tirer de ce qui précède une conclusion de nature à contenter ceux qui regardent moins à la théorie qu'aux faits. Il n'est pas nié que l'atmosphère, soit par son ammoniaque (1), soit par son azote libre, ne contribue à enrichir les sols en azote. Préciser l'apport ayant lieu de ce chef, serait difficile. Mais cet apport représente une fraction sensible de l'azote des récoltes. Il contribue à expliquer les heureux effets de la jachère et la possibilité de la culture sans engrais, ainsi que la production de la végétation spontanée qui transforme peu à peu des sols stériles en véritable terre végétale (2).

---

(1) Indépendamment de ce que fournissent les eaux météoriques.

(2) D'après ce qu'on sait aujourd'hui, il faut aussi tenir compte de la fixation directe de l'azote libre par certains végétaux dans l'explication de ces phénomènes.

COMPOSITION DES DISSOLUTIONS CONTENUES DANS LES SOLS AGRICOLES

60. — Dans l'étude de nombreuses questions, relatives à la nutrition végétale, à l'appauvrissement des sols, au pouvoir absorbant, on a à considérer la composition des dissolutions souterraines. Way a exécuté un grand nombre d'analyses d'eaux de drainage, dont voici les résultats:

ANALYSE D'UN LITRE D'EAU DE DRAINAGE

Potasse . . .	de 0 à 3mg	Silice. . . .	de 6 à 25mg
Soude . . .	12 à 45	Acide phosphorique .	0 à 1,7
Chaux . . .	33 à 185	Ammoniaque .	0,1 à 0,3
Magnésie . .	3 à 35	Acide azotique	27 à 165
Oxyde de fer et alumine . .	0 à 18	Chlore et acide sulfurique .	extrêmement variables

D'autres expérimentateurs sont arrivés à des chiffres du même ordre [1]. On voit que les principes fertilisants, les nitrates exceptés, se trouvent en bien faible proportion dans les eaux de drainage.

---

[1] Voir *Travaux et expériences du docteur Vœlcker*, par A. Ronna, 1888 ; voir aussi les travaux de MM. Lawes, Gilbert et Warington (*The Journal of the royal agricultural Society*, 1881).

Les eaux de drainage ont traversé non-seulement le sol, mais aussi le sous-sol. Elles ont pu laisser dans cette dernière couche une partie des principes qu'elles contenaient encore avant d'y pénétrer. Il était donc à craindre qu'elles ne fussent en réalité plus riches qu'on ne pensait au sortir du sol et qu'en s'appuyant sur leur composition pour calculer les pertes que le sol subit, on ne restât au-dessous de la vérité. De là, pour recueillir les eaux souterraines, l'emploi du lysimètre, appareil consistant en une caisse à double fond, ayant un fond supérieur à claire-voie qui supporte une couche de terre d'épaisseur égale à celle de la couche arable, et un fond inférieur étanche, servant de réservoir pour les dissolutions qui ont traversé la terre (FRAAS et ZŒLLER). L'examen des liquides ainsi obtenus fournit des résultats analogues à ceux de Way.

Ainsi il est acquis que les eaux qui ont traversé la couche arable sont très pauvres. Dans une région où il tombe annuellement une hauteur de 60 centimètres d'eau, dont un cinquième seulement passe à travers le sol, elles emportent, au taux de 2 milligrammes de potasse par litre, seulement $2^{kg},4$ de cette base par hectare et par an ; c'est à peu près insignifiant.

Les proportions relatives des principales substances dosées dans les eaux de drainage s'accordent très bien avec ce que nous savons du pouvoir absorbant. La potasse est rare, parce que les sols en étant dépouillés par la végétation, sont loin d'en être saturés et n'en abandonnent par suite que très peu à l'eau ; il en est de même pour l'ammoniaque, qui, de plus, disparaît des sols par la nitrification, ainsi qu'on l'a déjà dit. Mais la soude et la chaux, l'une presque inutile aux plantes, l'autre généralement abondante dans les sols, sont en bien moins faible quantité. L'acide phosphorique existant à l'état insoluble, reste à peu près indifférent aux lavages du sol. Quant aux nitrates, très variables suivant la saison, qui permet une nitrification plus ou moins active, ils se présentent toujours en proportions sensibles et parfois fort élevées. Comme les sels ammoniacaux, il ne faut les donner aux sols comme engrais qu'aux époques où ils peuvent être rapidement assimilés.

Les dissolutions fournies par les lysimètres ne représentent pas exactement celles qui imprègnent ordinairement le sol ; n'étant obtenues qu'à la suite de pluies, on peut les soupçonner d'être relativement assez diluées. Peu importe qu'elles le soient pour l'estimation des pertes éprouvées par les sols. Mais pour la solution d'une autre question, pour savoir quel est l'état réel de dilution des solutions dont se nourrissent les racines des plantes, elles ne suffisent plus ; il faut se procurer, sans les dénaturer, les dissolutions mêmes renfermées dans les sols à un moment donné. On y a réussi d'une manière complète en ayant simplement recours au déplacement des dissolutions par l'eau distillée [1]. 30 ou 40 kilogrammes de la terre à étudier, prélevés à la profondeur et au moment qu'on veut, sont placés, au champ même, dans une grande cloche à douille ; on produit à l'aide d'un appareil particulier, sur la surface de la terre une pluie artificielle d'eau distillée, répartie d'une manière absolument uniforme et tombant en telle quantité qu'on le désire, et l'on recueille le liquide sortant par la douille. Ce liquide garde pendant longtemps une composition tout à fait constante ; c'est la dissolution même qui imbibait la terre, sans aucun mélange avec l'eau d'arrosage. Il ne faudrait pas croire que, pour obtenir un pareil déplacement, il est nécessaire de gorger d'eau la terre, c'est-à-dire de remplir d'eau les insterstices existant entre les

---

(1) Schlœsing. — *Comptes rendus de l'Académie des Sciences*, t. LXX, 1870.

particules ; on y parvient parfaitement avec un arrosage très lent. L'appareil employé aux recherches dont nous rendons compte, permettait aussi de faire varier la composition de l'atmosphère interne de la terre. Les résultats obtenus ont conduit aux mêmes conclusions que ceux de M. Way.

V. ATMOSPHÈRES CONTENUES DANS LES SOLS AGRICOLES

61. — Les végétaux sont des appareils de synthèse ; ils empruntent à l'atmosphère et au sol de l'eau, de l'acide carbonique, de l'acide azotique, de l'ammoniaque, de l'azote, et constituent, avec ces éléments, de la matière organique en rejetant en dehors de l'oxygène. Après leur mort, ils sont décomposés, et leur décomposition donne lieu à des réactions inverses, dans l'ensemble, de celles qui avaient présidé à leur formation. Ils subissent alors essentiellement une combustion, combustion dont les microbes sont les auxiliaires à peu près indispensables ; l'oxygène rentre dans les combinaisons d'où il avait été exclu, refait avec le carbone, l'hydrogène et l'azote de l'acide carbonique, de l'eau, de l'acide azotique, qui sont prêts désormais à alimenter de nouveau la vie végétale. Dans ce cycle, les phénomènes de décomposition, de restitution, ont une importance aussi grande que celle des synthèses ; sans eux, les principes nutritifs seraient immobilisés, perdus pour la végétation, qui ne trouverait bientôt plus de quoi s'entretenir.

Nous allons examiner ces phénomènes. Mais auparavant il nous faut avoir des idées précises sur la proportion d'oxygène qui se rencontre dans les sols.

L'étude de l'atmosphère contenue dans les sols, importante à divers points de vue par suite des étroites relations existant entre la composition de cette atmosphère et plusieurs phénomènes qui intéressent à un haut degré la végétation (dissolution du calcaire, attaque des roches, nitrification, phénomènes de réduction), a été, il y a une quarantaine d'années, l'objet d'un travail considérable de Boussingault et Léwy (1).

Pour recueillir les gaz du sol, Boussingault et Léwy pratiquaient un trou de 30 ou 40 centimètres de profondeur, y plaçaient verticale-

---

(1) *Annales de chimie et de physique*, t. XXXVII, 1853.

ment un tube terminé à sa partie inférieure par une pomme d'arrosoir, comblaient le trou en tassant la terre autour du tube et, 24 heures après, la diffusion ayant dû rétablir l'atmosphère existant avant la fouille, appelaient lentement par le tube, au moyen d'un aspirateur, un volume gazeux approchant d'ordinaire de 5 à 10 litres. Dans les gaz ainsi extraits, ils dosaient l'acide carbonique par barbotage dans l'eau de baryte ; à cette détermination se joignait souvent celle de l'oxygène, faite sur un échantillon spécial de gaz par le pyrogallate de potasse.

Ces expériences montrèrent que les sols renferment un mélange gazeux ne différant guère, le plus généralement, de l'air ordinaire que par la substitution à de l'oxygène d'une petite quantité d'acide carbonique. Exceptionnellement, quand la terre vient d'être fumée, le taux de ce gaz peut atteindre 10 %; mais d'ordinaire il est voisin de 1 %. D'où l'on doit conclure que l'oxygène gazeux est très largement répandu dans le sol. C'est là un fait capital.

M. E. Risler a effectué de nombreux dosages d'acide carbonique du sol, en 1872-73, à Calèves (Suisse), sur une terre de jardin, par la méthode précédente. Il a nettement mis en évidence, pour une station donnée, l'influence de la profondeur, de la température et de l'intensité du vent sur la richesse en acide carbonique des gaz du sol. Voici les moyennes de taux pour cent d'acide carbonique qu'il a obtenus :

Taux p. 0/0 d'acide carbonique		A 25cm de profondeur	A 1 mètre de profondeur
Pour les 5 températures les plus	basses	0,37	0,57
	hautes	0,65	1,74
Pour les vents	faibles	0,57	1,29
	forts	0,46	1,14

L'influence de la température a été très marquée, celle du vent a été faible.

De nouvelles recherches viennent d'être exécutées sur ce sujet [1], dans lesquelles on s'est préoccupé de ne modifier en rien la composition que présenteraient les gaz à l'endroit et au moment où ils seraient prélevés, cela en évitant toute fouille ; de n'entraîner avec eux aucune trace d'air extérieur et de connaître exactement la profondeur d'où ils proviendraient. Pour remplir ce programme dans ses diverses parties, il suffit de puiser les gaz au moyen d'un tube ri-

(1) Th. Schlœsing fils. — *Annales de chimie et physique*. t. XXIII, 1891.

gide d'acier, enfoncé dans le sol à la profondeur voulue et ne laissant aucun passage libre entre sa surface extérieure et le sol, et de prélever un échantillon gazeux d'un volume aussi réduit que possible (25 ou 30^{cm^3} au maximum). Dans cette méthode, les gaz, enfermés sur le terrain dans des ampoules de verre, sont analysés au laboratoire à l'eudiomètre ou bien, plus sommairement, sur place au moyen d'un petit appareil portatif spécial.

Les expériences ont porté tant sur des terres de labour que sur des herbages qui n'avaient pas été retournés depuis de longues années et où, par suite, il semblait plus probable de rencontrer des maxima d'acide carbonique et des minima d'oxygène. Elles ont conduit aux conclusions suivantes :

1° L'oxygène existe normalement dans l'atmosphère des sols en large proportion ; c'est là une vérification des résultats de Boussingault et Léwy. S'il se produit dans les sols agricoles sains des phénomènes de fermentation anaérobie capables de fournir des gaz combustibles, ces phénomènes sont probablement très limités. Dans des conditions spéciales, par exemple à la suite de pluies prolongées qui ont délayé les particules terreuses et en on fait une sorte de pâte imperméable à l'air, il y a sans doute des sols qui peuvent être accidentellement privés de gaz oxygène. Mais ce sont là des cas qu'on ne rencontre qu'exceptionnellement dans la pratique agricole, et il n'en peut pas être autrement, car un sol non aéré devient rapidement impropre à la vie végétale ;

2° Très généralement, l'atmosphère des terres de labour, jusqu'à 60 centimètres de profondeur contient à peine 1 % d'acide carbonique et environ 20 % d'oxygène. Les terres qui n'ont pas été retournées depuis longtemps, étant plus compactes et opposant aux échanges gazeux avec l'atmosphère extérieure plus de résistance, contiennent sensiblement plus de gaz carbonique et moins d'oxygène ;

3° D'une époque à l'autre, la composition des gaz en un même point est très variable. Les taux d'acide carbonique les plus élevés correspondent aux époques les plus chaudes et aux temps calmes ;

4° La proportion d'acide carbonique augmente d'ordinaire avec la profondeur. Cependant il arrive, par suite d'une succession de circonstances atmosphériques spéciales, que l'inverse se produise ;

5° Dans une même pièce de terre, la proportion d'acide carbonique peut varier notablement entre des points distants de 10, 20, 30 mètres. Toutes choses égales d'ailleurs, elle varie avec la cote des divers points. Ordinairement elle doit être plus forte au bas d'une pente que dans le haut; néanmoins, pour la même pente, le contraire peut s'observer aussi. C'est qu'en effet l'atmosphère contenue dans le sol est tantôt plus dense, tantôt plus légère que l'air extérieur et, en vertu de ces différences, doit se déplacer, soit en descendant, soit en montant le long des pentes, en appelant cet air à sa place.

D'après ce qui précède, il semble utile d'introduire parmi nos notions sur l'atmosphère du sol celle de mobilité, remplaçant l'idée de repos qu'implique l'expression, souvent employée, d'atmosphère confinée. Les nappes d'eau sont beaucoup moins mobiles que les gaz; elles cheminent néanmoins dans le sol. Les nappes gazeuses doivent s'y mouvoir aussi; elles tendent à le faire sous l'influence des causes multiples qui produisent leurs incessantes variations de température, de pression et de composition chimique.

VI. COMBUSTION DE LA MATIÈRE ORGANIQUE DANS LE SOL ET LE SOUS-SOL

62. — La matière organique contenue dans le sol s'y consume lentement. C'est là un phénomène à la fois purement chimique et microbien, mais dans lequel la part d'influenee revenant aux êtres vivants est de beaucoup prédominante. On ne connaît pas actuellement les différentes phases du phénomène ; on en constate le résultat final, qui est principalement une formation d'acide carbonique, d'acide azotique et d'eau, sans pouvoir définir les produits intermédiaires qui prennent naissance. On ne connaît pas non plus tous les organismes qui concourent à la combustion.

Th. de Saussure avait constaté que, si l'on place du terreau sous une cloche, la plus grande partie de l'oxygène confiné est bientôt remplacée par de l'acide carbonique. M. Corenwinder [1] a essayé de mesurer l'intensité de la combustion de matières organiques variées, terre, fumier, crottin, guano, etc..., en faisant passer sur ces matières, enfermées dans des appareils clos, un courant d'air, dont il retenait ensuite et dosait

---

(1) *Annales de chimie et de physique*, 1856.

l'acide carbonique. En ce qui concerne la terre végétale, il est arrivé à des chiffres représentant une combustion bien supérieure à celle qui s'effectue réellement dans les champs. C'est qu'en effet dans les recherches de ce genre il y a un écueil qu'il n'a pas évité. Pour introduire dans les appareils les matières étudiées, on doit les manier, les émietter. Il en résulte infailliblement qu'on y exalte la combustion. C'est là un fait très fréquent, peut-être général pour tout milieu solide en fermentation [1] : l'émiettement y détermine une recrudescence de la fermentation.

On pourrait évaluer l'intensité de la combustion subie par la matière organique du sol d'après la quantité d'acide carbonique à laquelle elle donne naissance. Mais pour mesurer cette quantité, il ne suffit pas d'analyser les atmosphères souterraines ; il faudrait avoir une idée du volume d'air qui passe dans le sol en un temps donné. Or le renouvellement de cet air est un phéno-

---

(1) Le même phénomène s'observe dans la nitrification de la terre végétale (Schlœsing), dans la fermentation du tabac en poudre, etc... Il a été l'objet d'expérience de mesure à propos du fumier (Th. Schlœsing fils) ; on a vu qu'en remuant cette matière, on pouvait pour le moins tripler ou quadrupler sa combustion.

mène des plus complexes, sur l'intensité duquel on ne possède actuellement aucune donnée précise.

Pour arriver à une appréciation de la combustion dont il s'agit, M. Schlœsing a proposé un moyen qui, quoique indirect, doit être assez exact. Appliquons-le au domaine de Bechelbronn, sur lequel Boussingault a laissé des renseignements précis. La terre y recevait en cinq ans, par hectare, 49000 kilogrammes de fumier, soit 7000 kilogrammes de matière organique sèche, plus une quantité de résidus provenant des récoltes estimée à 4400 kilogrammes de matière sèche, au total 11400 kilogrammes de matière organique, correspondant à 5700 kilogrammes de carbone. Le domaine de Bechelbronn étant depuis fort longtemps soumis aux mêmes opérations, on peut admettre qu'il avait acquis le régime périodique, c'est-à-dire que tous les cinq ans la terre se retrouvait dans le même état, sans gain ni perte. Les 5700 kilogrammes de carbone gagnés en 5 ans étaient donc brûlés intégralement dans le même temps. D'où une production journalière moyenne de 6 mètres cubes d'acide carboniqne par hectare. Des expériences de M. Corenwinder on déduirait des chiffres de 6 à 25 fois plus forts.

Il n'y a pas, entre les quantités de matière organique contenues dans le sol et le sous-sol, la disproportion qu'on serait tenté de supposer, étant donnée la différence des apports qui ont lieu dans les couches superficielles et les couches profondes ; les premières, avec le fumier et d'autres engrais, avec la majeure partie des débris des récoltes, reçoivent beaucoup plus de matière organique que les secondes ; si donc le sous-sol n'est pas plus pauvre, c'est que la matière organique s'y brûle moins vite. C'est ce que démontrent des expériences très simples (SCHLŒSING).

On remplit deux flacons semblables, l'un avec la terre d'un sol, l'autre avec la terre du sous-sol correspondant prise à 60 ou 70 centimètres de profondeur, les deux terres ayant à peu près même humidité. On ferme chaque flacon avec un bon bouchon de caoutchouc laissant passer un tube de verre, deux fois courbé à angle droit et venant plonger dans du mercure. On observe les jours suivants que le mercure s'élève dans les deux tubes. C'est que la combustion de la matière organique a donné, avec l'oxygène gazeux enfermé dans les flacons, de l'acide carbonique qui a été absorbée par le calcaire pour donner du bicarbonate de chaux. L'ascension du mercure s'arrête quand tout l'oxygène a été consommé. Mais elle est 20 ou 30 fois plus rapide avec le sol qu'avec le sous-sol.

Pourquoi le sous-sol est-il, par nature, moins oxydable que le sol? Cela doit tenir principalement à ce que la majeure partie des matières organiques qu'il reçoit, ont déjà subi une combustion dans la couche arable ; ce sont des résidus d'oxydation.

Lorsqu'on veut conserver un échantillon de terre arable sans qu'il éprouve d'altération, on doit s'opposer à la combustion de sa matière organique ; il suffit pour cela de le dessécher. En présence de l'humidité, l'oxygène se consomme rapidement ; dès qu'il a disparu, les phénomènes de réduction commencent ; l'acide azotique se décompose, comme on verra ; la matière azotée de l'humus donne de l'ammoniaque, le peroxyde de fer se transforme en protoxyde ; la terre est profondément modifiée (1).

---

(1) Parmi les phénomènes les plus intéressants d'oxydation et de réduction que peuvent produire les microbes du sol, on doit citer la transformation des bromure et iodure de potassium en bromate et iodate, et la transformation inverse des chlorate, bromate et iodate en chlorure, bromure et iodure (MUNTZ, *Comptes rendus de l'Académie des sciences*, 1885).

VII. NITRIFICATION

63. Généralités. — Le carbone et l'hydrogène ne sont pas les seuls éléments sur lesquels se porte l'oxygène dans la combustion de la matière organique. L'azote de cette matière est, lui aussi, brûlé ; il est alors transformé en acide azotique, lequel avec diverses bases du sol donne des azotates (ou nitrates, d'où le mot de *nitrification*). C'est là un phénomène d'une haute importance pour l'agriculture. En effet, engagé dans des composés organiques, l'azote, si toutefois il peut servir d'aliment aux végétaux, ne leur est que d'une très faible utilité, tandis qu'une fois nitrifié il est éminemment assimilable.

La nitrification, c'est-à-dire la formation des nitrates aux dépens de l'azote organique ou encore de l'azote ammoniacal des sols, s'accomplit parfois dans la nature avec une intensité exceptionnelle: nitrate de potasse de l'Inde, de l'Espagne, de l'Amérique du Sud ; immenses gisements de nitrate de soude du Pérou (1).

---

(1) La formation de ces gisements s'explique, d'après MM. Müntz et Marcano, par la nitrification de grandes

Dans le sol des caves et des rez-de-chaussée, dans les murs humides, où les dissolutions souterraines s'infiltrent et se concentrent, on trouve aussi des azotates en proportion sensible ; on en a extrait industriellement des matériaux de démolition. Au sein de la terre végétale, la nitrification s'effectue habituellement avec bien moins d'intensité, sans doute, que dans les circonstances peu ordinaires citées plus haut, mais elle se fait d'une manière à peu près permanente ; elle fournit généralement des azotates déliquescents de chaux et de soude qui ne peuvent se rendre visibles sous forme d'efflorescences.

L'étude de la nitrification a été l'objet de bien des recherches. Avant d'intéresser l'agriculture, elle a vivement préoccupé les salpétriers ; ceux-ci avaient trouvé par la pratique diverses conditions qui lui sont favorables. Mais, relativement à son mode de production, on resta longtemps sans explication satisfaisante ; des théories variées et inexactes étaient successivement produites (combustion de l'azote gazeux de l'atmosphère par suite de la porosité des matières, entraînement de l'azote organique dans la combu-

---

masses de matière organique (principalement d'origine animale) en présence de l'eau de mer (*Annales de Chimie et de Physique*, 1887).

stion du carbone). Une très importante expérience de Boussingault (1860-1871) fit justice de l'intervention de l'azote libre dans le phénomène et de l'entraînement, et montra que la formation d'acide azotique a lieu aux dépens de la matière organique. M. Schlœsing étudia les diverses conditions de la nitrification et précisa leur influence. Quelques années après, les recherches qu'il exécuta avec M. Müntz [1] établirent une des circonstances essentielles du phénomène, à savoir le concours nécessaire de microbes. Dès lors l'étude bactériologique de la question a été l'origine de nombreux travaux, dont nous parlerons.

64. Etude des conditions de la nitrification. — On peut dire aujourd'hui que les conditions de la nitrification sont les suivantes :

1° Présence d'une matière azotée (matière organique ou ammoniaque) ;

2° Présence de l'oxygène ;

3° Légère alcalinité du milieu ;

4° Humidité de la matière ;

5° Température comprise entre certaines limites ;

6° Concours de certains microbes.

---

(1) *Comptes rendus de l'Académie des Sciences*, 1877, 1879.

65. Présence d'une matière azotée. — Cette matière fournit l'azote qui entrera dans la constitution de l'acide azotique formé. Elle peut consister en ammoniaque ; il est même probable (WINOGRADSKY) que la nitrification de la matière organique azotée est normalement précédée par sa transformation en ammoniaque.

Dans la terre végétale, la quantité d'acide azotique formée en un temps donné augmente généralement avec la proportion de la matière organique. Mais ce n'est là qu'une indication générale, parce que la nature et l'état de décomposition plus ou moins avancée de cette matière, conditions qui varient beaucoup d'une terre à l'autre, influent sur la rapidité de la nitrification. Si l'on forme des terres artificielles contenant des quantités différentes d'une même matière organique, on observe qu'il y a sensiblement proportionnalité entre ces quantités et celles d'acide azotique produit (SCHLŒSING).

66. Présence de l'oxygène. — L'oxygène est manifestement nécessaire à la nitrification, qui est une véritable combustion de l'azote combiné. Sa proportion dans l'atmosphère en présence de laquelle est la substance qui nitrifie, exerce une influence marquée sur le phénomène ; quand elle croît de 1,5 à 21 $^0/_0$, la quantité d'acide nitrique formé augmente, toutes choses égales d'ailleurs, de 1 à 5 ou 6 (Schlœsing).

En l'absence d'oxygène, les azotates sont détruits. Lorsque tout l'air a été chassé d'une terre par de l'azote pur, non-seulement il ne se fait plus d'acide azotique, mais celui qui préexistait est décomposé. C'est encore là un phénomène microbien. Les travaux de MM. Dehérain et Maquenne [1] d'une part et de MM. Gayon et Dupetit, d'autre part l'ont prouvé. D'après ces savants, les êtres qui opèrent la réduction des azotates sont variés; les uns mènent la destruction jusqu'à la formation des nitrites, d'autres la poussent plus loin et fournissent les divers oxydes de l'azote, l'azote libre ou même l'ammoniaque. On voit le danger auquel serait exposée une terre privée d'oxygène; elle pourrait perdre ses azotates. Des inondations prolongées, naturelles ou artificielles, en s'opposant au renouvellement de l'atmosphère des sols, sont capables d'amener pareil accident.

67. Légère alcalinité du milieu. — La nitrification ne se produit pas dans les terres acides de forêt et de bruyère. Elle n'est possible

---

(1) *Comptes rendus de l'Académie des sciences* 1882.

que dans un milieu légèrement alcalin. Elle est suspendue dans une terre qui vient d'être chaulée (Boussingault) ; c'est qu'une dissolution de chaux possède une alcalinité trop prononcée. Unie à l'acide carbonique, la chaux se trouve dans un état très convenable. Une très petite quantité de bicarbonate est suffisante ; au-delà de cette quantité, la nitrification n'augmente pas.

68. Humidité. — Pour une même terre, l'intensité de la nitrification croît avec le degré d'humidité, à condititión, bien entendu, qu'on n'atteigne pas le point où la terre serait noyée et privée d'un facile renouvellement d'air (Schlœsing).

On comprend l'influence de l'humidité du moment qu'on sait que la nitrification est l'œuvre de microbes. La terre sèche ne nitrifie pas.

69. Température. — La nitrification est presque nulle à 5° ; elle atteint son maximum d'intensité à 37° ; elle cesse à partir de 51°.

Lorsque des pluies abondantes surviennent en été, deux des conditions les plus efficaces, l'humidité et la chaleur, se trouvent réunies pour favoriser la nitrification dans la terre végétale. C'est sans doute en partie à l'activité exceptionnelle du phénomène qu'il faut attribuer la poussée qu'éprouve la végétation dans ces circonstances.

70. Nécessité de certains microbes. — Cette nécessité a été établie par les expériences de MM. Schlœsing et Müntz. Ces savants ont vu qu'en présence d'air chargé de vapeur de chloroforme, vapeur qui anesthésie la plupart des microbes (MÜNTZ), la terre ne nitrifie pas ; qu'elle ne nitrifie pas non plus quand elle a eté stérilisée à 100°. En ensemençant avec une parcelle de terreau de l'eau d'égout ou des dissolutions alcalines très étendues et additionnées de matières minérales, d'ammoniaque ou de matière organique, ils y ont déterminé une active production de nitrates, en même temps que l'abondant développement d'organismes particuliers. Par des ensemencements successifs ils ont obtenu des cultures où ils n'apercevaient qu'une seule sorte d'organisme (corpuscules très petits, de forme ronde, légèrement ovale) et qu'ils ont considérées comme pures. En introduisant une trace de ces liquides de culture dans des milieux convenables, ils y produisaient à coup sûr la nitrification ; ils ont appelé *ferment nitrique* l'agent vivant du phénomène.

De nombreux expérimentateurs ont, depuis lors, étudié la nitrification au point de vue purement bactériologique (WARINGTON, EMICH, HERAEUS, Mr et Mme FRANKLAND). Nous ne pouvons ici rendre compte de leurs travaux. Mais nous devons une mention toute spéciale aux résultats obtenus dernièrement par M. Winogradsky (1). Au cours de ses recherches, ce savant a signalé un organisme nitrifiant capable de se développer en l'absence de toute matière organique et d'emprunter à l'acide carbonique le carbone nécessaire à sa constitution ; il y aurait là une fonction synthétique remarquable qu'on n'est pas habitué à trouver chez les microbes.

D'après les plus récents travaux, la nitrification n'est pas un phénomène aussi simple qu'on l'a cru d'abord. MM. Schlœsing et Müntz avaient souvent remarqué, dans leurs premières recherches, qu'elle s'accompagnait de production d'azotites ; ils avaient pensé que cette production était accidentelle. Il semble mis hors de doute par les expériences de M. R. Warington, de M. P. Frankland et Mme Frankland, de M. Müntz et de M. Winogradsky qu'elle est au contraire normale. Elle est due à un ou des ferments qu'on peut appeler nitreux. Les azotites formés dans ce premier stade de la nitrification sont ensuite

(1) *Annales de l'Institut Pasteur*, 1890-1891.

changés en azotates. M. Winogradsky [1] a isolé un organisme particulier (très petit bâtonnet, de forme anguleuse, irrégulière) qui transforme [2] rapidement les azotites en azotates et qui n'oxyde pas l'ammoniaque ; ce serait celui (il peut y avoir tout un groupe de ferments ayant la même fonction) qui mériterait véritablement le nom de ferment nitrique.

71. Influence de diverses conditions sur la nitrification dans la terre végétale. — La lumière est sans action sensible, sauf, d'après M. Warington, la lumière très vive, qui ralentit notablement le phénomène. Dans le sol, un ralentissement dû à cette cause n'est pas à redouter.

La nitrification s'accomplit toujours dans la nature en présence d'eau tenant en dissolution certains sels. Ces sels influent-ils sur la formation des azotates ? L'expérience prouve que, même en proportion notablement plus grande que dans les sols, ils restent sans effet (SCHLŒSING).

L'ammoniaque, à l'état de chlorhydrate, de

---

(1) *Comptes rendus de l'Académie des Sciences*, t. CXIII, 1891.

(2) Pour M. Müntz, cette transformation pourrait se faire dans le sol par des réactions purement chimiques (*Comptes rendus de l'Académie des Sciences*, t. CXII, 1891).

sulfate, de sesquicarbonate, est d'ordinaire rapidement transformée en azotates dans les sols agricoles ; c'est un fait essentiel. Si la dose de sel ammoniacal est exagérée (de 1,5 à 2,5 de carbonate p. % de terre), la nitrification est accompagnée d'une perte d'azote libre assez sérieuse ; dans le cas de doses plus modérées, la perte est négligeable [1]. Les cultivateurs ne risquent guère de donner à leurs terres des quantités de sels ammoniacaux assez élevées pour perdre ainsi de l'azote.

---

(1) SCHLŒSING. — *Comptes rendus de l'Académie des Sciences*, t. CIX, 1889.

BIBLIOGRAPHIE

—

PREMIÈRE PARTIE — NUTRITION DES PLANTES

—

OUVRAGES

BOUSSINGAULT. — *Economie rurale*, Paris, 1851.

— *Agronomie, chimie agricole et physiologie*. Paris, 1860-1874.

DEHÉRAIN. — *Traité de chimie agricole*. Paris, 1892.

DUMAS. — *Essai de statique chimique des êtres organisés*. Paris, 1844.

— *Leçons de chimie professées en 1860 à la Société chimique*. Paris, 1861.

L. GRANDEAU. — *Chimie et physiologie appliquées à l'agriculture et à la sylviculture*, Nancy et Paris, 1879.

LIEBIG. — *Die organische Chemie in ihrer Anwendung auf Agricultur und Physiologie*, Brunswick, 1840 ; 9e édition, 1875.

LIEBIG. — *Chimie organique appliquée à la physiologie végétale et à l'agriculture*. Paris, 1841.

— *Les lois naturelles de l'agriculture*. Paris.

A. MÜNTZ et A. CH. GIRARD. — *Les engrais*. Paris, 1888.

A. RONNA. — *Rothamsted, trente années d'expériences agricoles*. Paris.

J. SACHS. — *Physiologie végétale* (traduit de l'Allemand). Paris et Genève, 1868.

TH. DE SAUSSURE. — *Recherches chimiques sur la végétation*. Paris, 1804.

VAN TIEGHEM. — *Traité de botanique*, Paris, 1891.

G. VILLE. — *La production végétale et les engrais chimiques*, Paris 1890.

WOLFF. — *Etude pratique sur les fumiers de ferme et les engrais en général*. Bruxelles, 1869.

MÉMOIRES

Germination

A. MÜNTZ. *Annales de Chimie et de Physique*, 4e série, t. XXII, p. 472. — P. BERT. *Comptes rendus de l'Académie des Sciences*, 1873.

Assimilation du carbone et respiration des plantes

WIESNER. *Entstehung des Chlorophylls in Planzen.* Vienne, 1877. — CLOËZ et GRATIOLET. *Annales de Chimie et de Physique.* 1851. — DEHÉRAIN et MOISSAN, DEHÉRAIN et MAQUENNE. *Annales des Sciences naturelles,* 1874, *et Comptes rendus de l'Académie des Sciences,* t. C et CI. — CORENWINDER. *Annales de Chimie et de Physique.* 1858. — BONNIER et MANGIN. *Annales des Sciences naturelles, botanique,* 6e série, X, XVII, XVIII, XIX ; *Comptes rendus,* t. C et CI. — *Dictionnaire d'agriculture,* t. II, p. 265. — KREUSLER, *Annales agronomiques,* t. XIV, p. 89. — TIMIRIAZEFF, *Annales de chimie et de Physique,* 5e Série, t. XII, p. 355.

Origine de l'hydrogène et de l'oxygène des plantes

SCHLŒSING. *Comptes rendus,* t. LXIX, p. 353, 1869.

Origine de l'azote des plantes

SCHLŒSING. *Comptes rendus,* t. LXXVIII. 1874. — G. VILLE. *Comptes rendus,* 1852 et années suivantes. — LAWES, GILBERT et PUGH. *On the sources of the nitrogen of vegetation, in philos. Transactions*, 1861, part. I. — BERTHELOT. *Annales de Chimie et de Physique*, t. X, p. 51, 1877. — HELLRIEGEL et WILFARTH. *Annales de la Science agronomique française et étrangère* (traduction française), t. I, 1890. — BRÉAL. *Comptes rendus*, 1888. — TH. SCHLŒSING fils et EM. LAURENT. *Comptes rendus*, 2e *semestre* 1890 et 2e *semestre* 1891 ; *Annales de l'Institut Pasteur*, février, 1892. — EM. LAURENT. *Annales de l'Institut Pasteur*, 1891.

Matières minérales des plantes

MALAGUTI et DUROCHER. *Annales de Chimie et de Physique*, 1858. — FLICHE et L. GRANDEAU, *Annales de chimie et de physique*, 1873, 1876, 1877.

DEUXIÈME PARTIE — ÉTUDE DE L'ATMOSPHÈRE CONSIDÉRÉE COMME SOURCE D'ALIMENTS DES PLANTES

—

OUVRAGES

BOUSSINGAULT. — *Economie rurale et agronomie* (voir plus haut).

L. Grandeau. — *Chimie et Physiologie* (voir plus haut).

A. Ronna. — *Rothamsted* (voir plus haut).

— *Travaux et expériences du docteur Vœlcker*. Paris, 1888.

Schlœsing. — *Contribution à l'étude de la chimie agricole*. Paris, 1885.

MÉMOIRES

Azote et oxygène

Regnault. *Annales de Chimie et de physique*. 1853. — Leduc. *Comptes rendus*, 1890 et 1891. — Dumas et Boussingault. *Annales de Chimie et de Physique*, 1841.

Acide carbonique

Brunner. *Annales de Chimie et de Physique*, 3e série, t. III. — E. Risler. *Comptes rendus* 1882. — Reiset. *Annales de Chimie et de Physique*, 1882. — Müntz et Aubin. *Annales de Chimie et de Physique*, 5e série, t. XXVI et XXX.

Acide azotique

Chabrier. *Annales de Chimie et de Physique*, 4e série, t. XXIII. — Müntz et Aubin. *Comptes-rendus*, t. XCV et XCVII. — Dehérain. *An-*

nales agronomiques, t. X, p. 83. — MÜNTZ et MARCANO. *Comptes rendus*, 1889.

Ammoniaque

SCHLŒSING. *Comptes rendus*, t. LXXX, LXXXI et LXXXII, 1875 et 1876. — MÜNTZ et AUBIN. *Comptes rendus*, 1882.

Gaz divers

MÜNTZ. *Comptes rendus*, t. XCII. — MÜNTZ et AUBIN, t. XCIX. — *Annuaire de l'Observatoire de Montsouris*.

TROISIÈME PARTIE — ÉTUDE DES SOLS AGRICOLES

—

OUVRAGES

BOUSSINGAULT. — *Economie rurale et agronomie* (voir plus haut).

Comte DE GASPARIN. — *Cours d'agriculture*. Paris, 1848.

TH. DE GASPARIN. — *Détermination des terres arables*.

E. RISLER. — *Géologie agricole*. Paris, 1884.

A. RONNA. *Travaux et expériences du Docteur Vœlcker* (voir plus haut).

SCHLŒSING. — *Contribution à l'étude de la Chimie agricole* (voir plus haut).

MÉMOIRES

Constitution des sols

SCHLŒSING. *Annales de Chimie et de Physique*, 5e série, t. II, 1874. — BERTHELOT et ANDRÉ. *Sur la matière organique des sols. Comptes rendus*, t. CXII, 1891, (notes diverses). — L. GRANDEAU. *Annales de la station agronomique de l'Est*, 1878. — MULLER. *Annales de la Science agronomique française et étrangère*, t. I, 1889. — SCHLŒSING. *Dissolution du calcaire, Comptes rendus*, t. LXXIV et LXXV. — P. DE MONDESIR. *Annales de la Science Agronomique française et étrangère*, 1886 et 1887.

Propriétés physiques des sols.

SCHUBLER. *Annales de l'agriculture française*, 2e série, t. LX. — E. RISLER. *Recherches sur l'évaporation du sol et des plantes*. Genève, 1879. — SCHLŒSING. *Comptes rendus*, 1884. — BERTHELOT. *Comptes-rendus*, t. CXI, p. 469.

Phénomènes chimiques et microbiens s'accomplissant dans les sols

VAN BEMMELEN. *Landwirthschaftlische Versuchs-Stationen*, 1888. — P. DE MONDESIR. *Comptes-*

rendus, 1888. — BERTHELOT et ANDRÉ. *Annales de Chimie et de Physique*, 1886-1890. — SCHLŒSING. *Relations de la terre végétale avec l'azote atmosphérique. Comptes rendus*, 1888, 1889. — BRUSTLEIN. *Annales de Chimie et de Physique*, 3e série, t. LVI. — BOUSSINGAULT et LÉWY. *Annales de Chimie et de Physique*, t. XXXVII, 1853. — TH. SCHLŒSING fils. *Annales de Chimie et de Physique*, t. XXIII, 1891. — CORENWINDER. *Annales de Chimie et de Physique*, 1856. — MÜNTZ. *Quelques faits d'oxydation et de réduction dans les sols, Comptes rendus*, t. C et CI.

Nitrification. SCHLŒSING, *Comptes rendus*, 1873. — SCHLŒSING et MÜNTZ. *Comptes rendus*. 1877-79. — SCHLŒSING. *Comptes rendus*, t. CIX, 1889. — MÜNTZ. *Comptes rendus*, t. CI, p. 1265 ; t. CXII. 1891. — MÜNTZ et MARCANO. *Annales de Chimie et de Physique*, 1887. — WARINGTON. *Reports of experiments made in the Rothamsted laboratory*, Londres. — WINOGRADSKY. *Annales de l'Institut Pasteur*, 1890-1891 ; *Comptes rendus*, t. CXIII, 1891. — DEHÉRAIN et MAQUENNE. *Réduction des nitrates, Comptes rendus*, 1882. — GAYON et DUPETIT. *Réduction des nitrates, Comptes rendus*. 1882

TABLE DES MATIÈRES

CHAPITRE III

Origine de l'hydrogène et de l'oxygène des plantes

CHAPITRE IV

Origine de l'azote des plantes

CHAPITRE V

Matières minérales contenues dans les plantes

DEUXIÈME PARTIE

Etude de l'atmosphère

CHAPITRE PREMIER

Azote et oxygène

CHAPITRE II

Acide carbonique

CHAPITRE III

Acide azotique

CHAPITRE IV

Ammoniaque

CHAPITRE V

Gaz divers contenus dans l'atmosphère

TROISIÈME PARTIE

Etude des sols agricoles

CHAPITRE PREMIER

Formation des sols agricoles

CHAPITRE II

Constitution des sols agricoles

CHAPITRE III

Propriétés physiques des sols agricoles

CHAPITRE IV

Phénomènes chimiques et microbiens s'accomplissant dans les sols agricoles

ST AMAND (CHER). IMPRIMERIE DESTENAY, BUSSIÈRE FRÈRES.

BULLETIN DES ANNONCES

SPÉCIMEN D'UN NUMÉRO

I. — H. POINCARÉ, *de l'Institut* : Les Géométries non-Euclidiennes.

II. — Drs MAGNAN et SÉRIEUX : Les Aliénés persécuteurs ; leurs caractères anthropologiques et psychiques ; leur diagnose.

III. — J. BERGERON, *docteur ès sciences* : La Faune dite « primordiale » a-t-elle été la première ? Découvertes récentes de la paléontologie et de la pétrographie sur ce sujet (avec de nombreuses figures).

IV. — J. BOUVEAULT, *docteur ès sciences* : La Synthèse des alcaloïdes naturels (avec exemples de préparation).

V. — *Analyse bibliographique* : 1° Sciences mathématiques ; 2° Sciences physiques ; 3° Sciences naturelles ; 4° Sciences médicales.

VI. — *Académies et Sociétés savantes de la France et de l'Etranger*

NOTA. — La *Revue* publie, avec chacun de ses numéros, un **Supplément** de *huit colonnes* renfermant : 1° Les nouvelles de la Science et de l'Enseignement ; 2° les sommaires de 300 périodiques scientifiques classés par ordre de science.

Un Numéro spécimen sera adressé gratuitement à toute personne qui en fera la demande.

PRIX DU NUMÉRO : **80 centimes**

Abonnements : chez Georges CARRÉ, Éditeur

58, rue Saint-André-des-Arts, Paris

Paris	Un an, 18 fr. ;	6 mois, 10 fr.
Départements et Alsace-Lorraine	— 20 —	— 11 —
Union postale	— 22 —	— 12 —

BIBLIOTHÈQUE DIAMANT

DES

SCIENCES MÉDICALES ET BIOLOGIQUES

Collection publiée dans le format in-18 raisin, cartonnée à l'anglaise

---

Manuel de Pathologie interne, par G. DIEULAFOY, professeur à la Faculté de médecine de Paris, médecin des hôpitaux, lauréat de l'Institut (Prix Montyon). 6e édition. 2 vol. . . . . 15 fr.

Manuel du diagnostic médical, par P. SPILLMANN, professeur à la Faculté de médecine de Nancy et P. HAUSHALTER, chef de clinique médicale. 2e édition, entièrement refondue . . 6 fr.

Manuel d'anatomie microscopique et d'histologie, par P.-E LAUNOIS et H. MORAU, préparateurs-adjoints d'histologie à la Faculté de médecine de Paris, préface de M. Mathias DUVAL, professeur à la Faculté de médecine de Paris. . . . . 6 fr.

Séméiologie et diagnostic des maladies nerveuses, par Paul BLOCQ, chef des travaux anatomo-pathologiques à la Salpêtrière, lauréat de l'Institut, et J. ONANOFF. . . . . . . 5 fr.

Manuel de thérapeutique, par le Dr BERLIOZ, professeur à la Faculté de médecine de Grenoble, précédé d'une préface de M. BOUCHARD, professeur à la Faculté de médecine de Paris. . 6 fr.

Précis de microbie médicale et vétérinaire, par le Dr L.-H. THOINOT, ancien interne des hôpitaux et E.-J. MASSELIN, médecin-vétérinaire, 2e éd., 75 fig. noires et en couleurs. 6 fr.

Précis de médecine judiciaire, par A. LACASSAGNE, professeur à la Faculté de médecine de Lyon. 2e édition . . . 7 fr. 50

Précis d'hygiène privée et sociale, par A. LACASSAGNE, professeur à la Faculté de médecine de Lyon. 3e édition revue et augmentée. . . . . 7 fr.

Précis d'anatomie pathologique, par L. BARD, professeur agrégé à la Faculté de médecine de Lyon. . . . . 7 fr. 50

Précis théorique et pratique de l'examen de l'œil et de la vision, par le Dr CHAUVEL, médecin principal de l'armée, professeur à l'Ecole du Val-de-Grâce. . . . . 6 fr.

Le Médecin. Devoirs privés et publics; leurs rapports avec la Jurisprudence et l'organisation médicales, par A. DECHAMBRE, membre de l'Académie de médecine . . . . 6 fr.

Guide pratique d'Électrothérapie, rédigé d'après les travaux et les leçons du Dr ONIMUS, lauréat de l'Institut, par M. BONNEFOY. 3e édition, revue et augmentée d'un chapitre sur *l'électricité statique*, par le Dr DANION . . . . 6 fr.

Paris : sa topographie, son hygiène, ses maladies, par Léon COLIN, directeur du service de santé du gouvernement militaire de Paris . . . . 6 fr.

LIBRAIRIE G. MASSON, 120, BOULEVARD SAINT-GERMAIN, A PARIS

TRAITÉ DE MÉDECINE

Publié sous la direction de MM. CHARCOT et BOUCHARD, membres de l'Institut et professeurs à la Faculté de médecine de Paris et BRISSAUD, professeur agrégé, par MM. BABINSKI, BALLET, BRAULT, CHANTEMESSE, CHARRIN, CHAUFFARD, COURTOIS-SUFFIT, GILBERT, GUINON, LE GENDRE, MARFAN, MARIE, MATHIEU, NETTER, ŒTTINGER, ANDRÉ PETIT, RICHARDIÈRE, ROGER, RUAULT, THIBIERGE, L.-H. THOINOT, FERNAND VIDAL. 6 vol. in-8, avec figures (3 volumes publiés au 1er mai 1892) *En souscription* . . . . 112 fr.

TRAITÉ DE CHIRURGIE

Publié sous la direction de MM. Simon DUPLAY, professeur de clinique chirurgicale à la Faculté de médecine de Paris, et Paul RECLUS, professeur agrégé, par MM. BERGER, BROCA, DELBET, DELENS, GÉRARD-MARCHANT, FORGUE, HARTMANN, HEYDENREICH, JALAGUIER, KIRMISSON, LAGRANGE, LEJARS, MICHAUX, NÉLATON, PEYROT, PONCET, POTHERAT, QUÉNU, RICARD, SEGOND, TUFFIER, WALTHER. 8 forts volumes in-8 avec nombreuses figures (7 volumes publiés au 1er mai 1892). *En souscription* . . . . 140 fr.

TRAITÉ DE GYNÉCOLOGIE CLINIQUE ET OPÉRATOIRE

Par S. POZZI, professeur agrégé à la Faculté de médecine de Paris, chirurgien de l'hôpital Lourcine-Pascal. 2e édition. 1 vol. in-8, relié toile avec 500 figures dans le texte 30 fr.

LEÇONS SUR LA PATHOLOGIE COMPARÉE DE L'INFLAMMATION

Faites à l'Institut Pasteur en avril et mai 1891, par Elie METCHNIKOFF, chef de service à l'Institut Pasteur. 1 vol. in-8 avec 65 figures dans le texte, en noir et en couleur et 8 planches en couleur . . . . 9 fr.

LE DIABÈTE PANCRÉATIQUE

Expérimentation, Clinique, Anatomie pathologique, par le Dr J. THIROLOIX, interne, médaille d'or des hôpitaux, membre de la Société anatomique. 1 vol. in-8, avec planches et graphiques hors texte . . . . 8 fr.

LIBRAIRIE G. MASSON, 120, BOULEVARD ST-GERMAIN, PARIS.

TOME IV (1re Partie). — ÉLECTRICITÉ STATIQUE ET DYNAMIQUE. — 13 fr.

1er fascicule. — *Gravitation universelle. Électricité statique*; avec 155 fig. et 1 planche . . . . 7 fr.
2e fascicule. — *La pile. Phénomènes électrothermiques et électrochimiques*; avec 161 fig. et 1 planche . . . . 6 fr.

TOME IV. — (2e Partie). — MAGNÉTISME ; APPLICATIONS. — 13 fr.

3e fascicule. — *Les aimants. Magnétisme. Electromagnétisme. Induction*; avec 240 figures. . . . . 8 fr.
4e fascicule. — *Météorologie électrique ; applications de l'électricité. Théories générales*; avec 84 fig. et 1 pl. . . . . 5 fr.

TABLES GÉNÉRALES.

Tables générales, par ordre de matières et par noms d'auteurs, des quatre volumes du Cours de Physique. In-8 ; 1891 . . . 60 c.

Tous les trois ans, un supplément, destiné à exposer les progrès accomplis pendant cette période, viendra compléter ce grand Traité et le maintenir au courant des derniers travaux.

Pour ne pas trop grossir un ouvrage déjà bien volumineux, il a fallu dans cette nouvelle édition en soumettre tous les détails à une revision sévère, supprimer ce qui avait quelque peu vieilli, sacrifier la description d'appareils ou d'expériences qui, tout en ayant fait époque, ont été rendus inutiles par des travaux plus parfaits ; en un mot, poursuivre dans ses dernières conséquences la transformation entreprise non sans quelque timidité dans l'édition précédente. Au reste, pour tenir un livre au courant d'une Science dont le développement est d'une rapidité si surprenante, et dans laquelle un seul résultat nouveau peut modifier jusqu'aux idées même qui servent de base à l'enseignement, il ne suffit pas d'ajouter des faits à d'autres faits : c'est l'ordre, l'enchaînement, la contexture même de l'ouvrage qu'il faut renouveler. On se ferait donc une idée inexacte de cette quatrième édition du *Cours de Physique de l'École Polytechnique* en se bornant à constater que ces quatre Volumes se sont accrus de près de 500 pages et de 150 figures, soit de un septième environ : les modifications touchent, pour ainsi dire, à chaque page et c'est en réalité au moins le tiers du texte qui a été écrit à nouveau d'une manière complète.

DUHEM. — Chargé de Cours à la Faculté des Sciences de Lille. *Leçons sur l'Électricité et le Magnétisme.* 3 volumes grand in-8, avec 215 figures :
Tome I, 1891 ; 16 fr.— Tome II, 1892 ; 14 fr. — Tome III, 1892 ; 15 fr.

JAMIN et BOUTY. — **Cours de Physique à l'usage de la classe de Mathématiques spéciales.** 2e édition. Deux beaux volumes in-8, contenant ensemble plus de 1060 pages, avec 458 figures géométriques ou ombrées et 6 planches sur acier ; 1886 . . . . 20 fr.

On vend séparément :

TOME I. — Instruments de Mesure. Hydrostatique. — Optique géométrique. Notions sur les phénomènes capillaires. In-8, avec 312 fig. et 4 pl. . . . . 10 fr.
TOME II. — Thermométrie. Dilatations. — Calorimétrie. In-8, avec 146 fig. et 2 pl. . . . . 10 fr.

BARILLOT (Ernest), membre de la Société chimique de Paris. — **Manuel de l'analyse des vins.** *Dosage des éléments naturels. Recherche analytique des falsifications.* Petit in-8, avec nombreuses figures et Tables; 1889. . . . . 3 fr. 50

BONNAMI (H.), Ingénieur-Directeur des usines de Pont-de-Pany et Malain, Conducteur des Ponts et Chaussées. — **Fabrication et contrôle des chaux hydrauliques et ciments. Théorie et pratique.** *Influences réciproques et simultanées des différentes opérations et de la composition sur la solidification. Energie. Thermodynamique. Thermochimie.* In-8, avec figures; 1888. . . . . 6 fr. 50

CHAPPUIS (J.), Agrégé, Docteur ès Sciences, Professeur de Physique générale à l'École Centrale, et **BERGET (A.)**, Docteur ès Sciences, attaché au laboratoire des Recherches physiques de la Sorbonne. — **Leçons de Physique générale.** *Cours professé à l'École Centrale des Arts et Manufactures et complété suivant le programme de la Licence ès Sciences physiques.* 3 volumes grand in-8 se vendant séparément :
TOME I : *Instruments de mesure. Chaleur.* Avec 175 figures ; 1891. 13 fr.
TOME II : *Électricité et Magnétisme.* Avec 305 figures ; 1891. . 13 fr.
TOME III : *Acoustique. Optique; Électro-optique.* Avec 193 figures; 1892. . . . . 10 fr.

DESFORGES (J.), Professeur de travaux manuels à l'École industrielle de Versailles, ancien Garde d'Artillerie, ancien Chef aux ateliers des Forges et Fonderies de la Marine de l'État, à Ruelle. — **Cours pratique d'enseignement manuel,** à l'usage des candidats aux Écoles nationales d'Arts et Métiers et aux Écoles d'apprentis et d'Élèves mécaniciens de la flotte, et à l'usage des aspirants au certificat d'aptitude pour l'enseignement du travail manuel, des élèves des écoles professionnelles-industrielles, etc. — **Ajustage. — Forge. — Fonderie. — Chaudronnerie. — Menuiserie.** In-4 oblong, comprenant 76 planches de dessins avec texte explicatif; 1889. . 5 fr.

ENDRÈS (E.), Inspecteur général honoraire des Ponts et Chaussées. — **Manuel du Conducteur des Ponts et Chaussées.** Ouvrage indispensable aux Conducteurs et Employés secondaires des Ponts et Chaussées et des Compagnies de Chemin de fer, aux Gardes-mines, aux Gardes et Sous-Officiers de l'Artillerie et du Génie, aux Agents voyers et aux Candidats à ces emplois. *Honoré d'une souscription des Ministères du Commerce et des Travaux publics, et recommandé pour le service vicinal par le Ministre de l'Intérieur,* 7ᵉ édition modifiée *conformément au décret du* 9 *juin* 1883. 3 volumes in-8. . . 27 fr.

On vend séparément :

TOME I : *Partie théorique*, avec 407 fig. ; et tome II : *Partie pratique*, avec fig. 2 vol. in-8; 1884 . . . . 18 fr.

TOME III : *Partie technique.* In-8, avec 241 fig 1883 . . 9 fr.

Ce dernier Volume est consacré à l'exposition des doctrines spéciales qui se rattachent à l'*Art de l'Ingénieur* en général et au service des Ponts et Chaussées en particulier.

GOULIER (C.-M.), Colonel du Génie en retraite. — **Études théoriques et pratiques sur les levers topométriques et en particulier sur la tachéométrie.** Un vol. in-8 de XXII-542 pages, avec fig. et un portrait de l'Auteur, photogravé par *Dujardin*; 1892. 8 fr.

JÜPTNER DE JONSTORFF (Baron Hanns). — **Traité pratique de Chimie métallurgique.** Traduit de l'allemand par *E. Vlasto*, Ingénieur des Arts et Manufactures. Édition française, revue et augmentée par l'Auteur. Grand in-8, avec nombreuses figures et 2 planches; 1891 . . . . 10 fr.

LACOUTURE (Charles). — **Répertoire chromatique.** *Solution raisonnée et pratique des problèmes les plus usuels dans l'étude et l'emploi des couleurs.* 29 TABLEAUX EN CHROMO représentant 952 teintes différentes et définies, groupées en plus de 600 gammes typiques. In-4, contenant un texte de XI-144 pages, vrai traité de la science pratique des couleurs, accompagné de nombreux diagrammes, et suivi d'un atlas de 29 tableaux en chromo qui offrent à la fois l'illustration du texte et de nouvelles ressources pour les applications; 1890. (*Ouvrage honoré de la* MÉDAILLE D'OR *de la Société industrielle du Nord de la France*, 18 janvier 1891).

Broché. . . . 25 fr. | Cartonné . . . 30 fr.

LÉVY (Maurice), Ingénieur en chef des Ponts et Chaussées, Membre de l'Institut, Professeur au Collège de France et à l'École Centrale des Arts et Manufactures. — **La Statique graphique et ses applications aux constructions.** 2ᵉ édition. 4 vol. grand in-8, avec 4 Atlas de même format. (*Ouvrage honoré d'une souscription du ministère des Travaux publics*).

Iʳᵉ PARTIE : *Principes et applications de la Statique graphique pure.* Grand in-8 de XXVIII-549 pages, avec Atlas de 26 planches; 1886. 22 fr.

IIᵉ PARTIE. — *Flexion plane. Lignes d'influence. Poutres droites.* Grand in-8 de XIV-345 pages, avec un Atlas de 6 planches; 1886. 15 fr.

IIIᵉ PARTIE. — *Arcs métalliques. Ponts suspendus rigides. Coupoles et corps de révolution.* Grand in-8 de IX-418 pages avec un Atlas de 6 planches; 1887. . . . . 17 fr.

IVᵉ Partie. — *Ouvrages en maçonnerie. Systèmes réticulaires à lignes surabondantes. Index alphabétique des quatre Parties.* Grand in-8 de X-350 pages, avec Atlas de 4 planches; 1888. . . 15 fr.

MIQUEL. — **Manuel pratique d'Analyse bactériologique des eaux.** In-18 jésus, avec figures; 1891. . . . . 2 fr. 75 c.

WITZ (Aimé), Docteur ès Sciences, Ingénieur des Arts et Manufactures, Professeur aux Facultés catholiques de Lille. — **Cours de manipulations de Physique,** *préparatoire à la Licence* (ÉCOLE PRATIQUE DE PHYSIQUE). Un beau volume in-8, avec 166 figures 1883. 12 fr.

WITZ (Aimé). — **Exercices de Physique et applications,** *préparatoires à la Licence* (ÉCOLE PRATIQUE DE PHYSIQUE). In 8, avec 114 figures; 1889. . . . . 12 fr.

WYROUBOFF (G.). — **Manuel pratique de Cristallographie.** *Détermination des formes cristallines.* In-8, avec figures et 6 planches en taille-douce; 1889. . . . . 12 fr.

LIBRAIRIE GAUTHIER-VILLARS ET FILS

Envoi franco contre mandat-poste ou valeur sur Paris

BIBLIOTHÈQUE
PHOTOGRAPHIQUE

La Bibliothèque photographique se compose d'environ 150 volumes et embrasse l'ensemble de la Photographie considérée au point de vue de la science, de l'art et des applications pratiques.

A côté d'ouvrages d'une certaine étendue, comme le *Traité* de M. Davanne, le *Traité encyclopédique* de M. Fabre, le *Dictionnaire de Chimie Photographique* de M. Fourtier, etc., elle comprend une série de monographies nécessaires à celui qui veut étudier à fond un procédé et apprendre les tours de main indispensables pour le mettre en pratique. Elle s'adresse donc aussi bien à l'amateur qu'au professionnel, au savant qu'au praticien.

EXTRAIT DU CATALOGUE.

Balagny (George), Membre de la Société française de Photographie, Docteur en droit. — *Traité de Photographie par les procédés pelliculaires.* Deux volumes grand in-8, avec figures ; 1889-1890.

On vend séparément :

Tome I : *Généralités. Plaques souples. Théorie et pratique des trois développements au fer, à l'acide pyrogallique et à l'hydroquinone* . 4 fr.

Tome II : *Papiers pelliculaires. Applications générales des procédés pelliculaires. Phototypie. Contre-Types. — Transparents* . . . 4 fr.

Chable (E.), Président du Photo-Club de Neuchatel. — *Les travaux de l'amateur photographe en hiver.* 2e édition. In-18 jésus, avec 2 planches et nombreuses figures ; 1892 . . . . 3 fr.

Davanne. — *La Photographie. Traité théorique et pratique.* 2 beaux volumes grand in-8, avec 234 figures et 4 planches spécimens. 32 fr.

On vend séparément :

Ire Partie : Notions élémentaires. — Historique. — Épreuves négatives. — Principes communs à tous les procédés négatifs. — Épreuves sur albumine, sur collodion, sur gélatinobromure d'argent, sur pellicules, sur papier. Avec 2 planches et 120 figures ; 1886 . . 16 fr.

IIe Partie : Épreuves positives : aux sels d'argent, de platine, de fer, de chrome. — Épreuves par impressions photomécaniques. — Divers : Les couleurs en Photographie. Épreuves stéréoscopiques, Projections, agrandissements, micrographie. Réductions, épreuves microscopiques. Notions élémentaires de Chimie ; vocabulaire. Avec 2 planches et 114 figures ; 1888 . . . . 16 fr.

Fabre (C.), Docteur ès Sciences. — *Traité encyclopédique de Photographie.* 4 beaux volumes gr. in-8, avec plus de 700 figures et 2 planches; 1889-1891 . . . . 48 fr. »»

Chaque volume se vend séparément 14 fr.

Tous les trois ans, un Supplément, destiné à exposer les progrès accomplis pendant cette période, viendra compléter ce Traité et le maintenir au courant des dernières découvertes.

Le premier Supplément est mis en souscription. Il est publié comme les précédents volumes en cinq fascicules dont le premier a paru le 15 juillet 1892. La souscription sera close le 15 décembre 1892.

Prix du supplément pour les souscripteurs. . . . . 10 fr.
Le prix sera porté ultérieurement à . . . . 14 fr.

Fourtier (H.). — *Dictionnaire pratique de Chimie photographique,* contenant une *Etude méthodique des divers corps usités en Photographie,* précédé de *Notions usuelles de Chimie* et suivi d'une Description détaillée des *Manipulations photographiques.* Grand in-8, avec figures; 1892 . . . . 8 fr. »»

— *Les Positifs sur verre. Théorie et pratique. Les positifs pour projections. Stéréoscopes et vitraux. Méthodes opératoires. Coloriage et montage.* Grand in-8, avec figures; 1892 . . . . 4 fr. 50

— *La pratique des projections.* Etude méthodique des appareils. Les accessoires; usages et applications diverses des projections. Conduite des séances. 2 volumes in-18 jésus se vendant séparément.

I. *Les appareils* avec 67 figures; 1892. . . . . 2 fr. 75
II. *Les projections* avec figures ... (*Sous presse*).

Londe (A.), Chef du service photographique à la Salpêtrière. — *La Photographie instantanée.* 2e édition. In-18 jésus, avec belles figures; 1890 . . . . 2 fr. 75

— *Traité pratique du développement.* Étude raisonnée des divers révélateurs et de leur mode d'emploi. 2e édition. In-18 jésus, avec figures et 4 doubles planches en photocollographie; 1892 . 2 fr. 75

Mercier (P.), Chimiste, Lauréat de l'Ecole supérieure de Pharmacie de Paris. — *Virages et fixages. Traité historique, théorique et pratique.* 2 vol. in-18 jésus; 1892 . . . . 5 fr.

On vend séparément :

Ire Partie : *Virages aux sels d'or* . . . . 2 fr. 75
IIe Partie : *Virages aux divers métaux et fixages.* . . . 2 fr. 75.

Trutat (E.), Docteur ès sciences, Directeur du Musée d'Histoire naturelle de Toulouse. — *Traité pratique des agrandissements photographiques.* 2 vol. in-18 jésus, avec 105 figures; 1891.

Ire Partie : Obtention des petits clichés; avec 52 figures . . . 2 fr. 75
IIe Partie : Agrandissements; avec 53 figures . . . . . 2 fr. 75

— *Impressions photographiques aux encres grasses. Traité pratique de photocollographie à l'usage des amateurs.* In-18 jésus, avec nombreuses figures et 1 planche en photocollographie; 1892 . . 2 fr. 75

Vidal (**Léon**), officier de l'Instruction publique, Professeur à l'École nationale des arts décoratifs. — *Manuel pratique d'Orthochromatisme.* In-18 jésus avec figures, 2 planches dont une en photocollographie et un spectre en couleur; 1891 . . . . 2 fr. 75

Vieuille. — *Nouveau guide pratique du photographe amateur.* 3e édit. refondue et beaucoup augmentée. In-18 jésus avec fig. 1892. 2 fr. 75

Saint-Amand (Cher). — Imprimerie DESTENAY, BUSSIÈRE FRÈRES.

www.ingramcontent.com/pod-product-compliance
Ingram Content Group UK Ltd.
Pitfield, Milton Keynes, MK11 3LW, UK
UKHW020321230726
13925UKWH00002B/556